建筑工程职业技能岗位培训图解教材

架子工

本书编委会　编

中国建筑工业出版社

图书在版编目（CIP）数据

架子工／本书编委会编．—北京：中国建筑工业出版社，2016.2
建筑工程职业技能岗位培训图解教材
ISBN 978-7-112-18927-4

Ⅰ.①架… Ⅱ.①本… Ⅲ.①脚手架—工程施工—岗位培训—教材 Ⅳ.① TU731.2

中国版本图书馆CIP数据核字（2015）第319790号

本书是根据国家颁布的《建筑工程施工职业技能标准》进行编写的，主要介绍了架子工的基础知识、常用脚手架材料和机具、落地式脚手架的搭拆、不落地式脚手架的搭拆、其他脚手架的搭拆、脚手架的施工安全和质量管理等内容。

本书内容丰富，详略得当，用图文并茂的方式介绍架子工的施工技法，便于理解和学习。本书可作为建筑工程职业技能岗位培训相关教材使用，也可供建筑施工现场架子工人参考使用。

责任编辑：武晓涛
责任校对：赵 颖 党 蕾

建筑工程职业技能岗位培训图解教材
架子工
本书编委会 编
*
中国建筑工业出版社出版、发行（北京西郊百万庄）
各地新华书店、建筑书店经销
北京京点图文设计有限公司制版
北京圣夫亚美印刷有限公司印刷
*
开本：787×1092毫米 1/16 印张：10½ 字数：191千字
2016年4月第一版 2016年4月第一次印刷
定价：**30.00**元（附网络下载）
ISBN 978-7-112-18927-4
（28179）

《架子工》编委会

主编：陈洪刚

参编：王志顺　张　彤　伏文英　刘立华
刘　培　何　萍　范小波　张　盼
王昌丁　李亚州

前　言

近年来，随着我国经济建设的飞速发展，各种工程建设新技术、新工艺、新产品、新材料也得到了广泛的应用，这就要求提高建筑工程各工种的职业素质和专业技能水平，同时，为了帮助读者尽快取得《职业技能岗位证书》，熟悉和掌握相关技能，我们编写了此书。

本书是根据国家颁布的《建筑工程施工职业技能标准》进行编写的，主要介绍了架子工的基础知识、常用脚手架材料和机具、落地式脚手架的搭拆、不落地式脚手架的搭拆、其他脚手架的搭拆、脚手架的施工安全和质量管理等内容。

本书内容丰富，详略得当，用图文并茂的方式介绍架子工的施工技法，便于理解和学习。本书可作为建筑工程职业技能岗位培训相关教材使用，也可供建筑施工现场架子工人参考使用。同时为方便教学，本书编者制作有相关课件，读者可从中国建筑工业出版社官网下载。

本书编写过程中，尽管编写人员尽心尽力，但错误及不当之处在所难免，敬请广大读者批评指正，以便及时修订与完善。

编者

2015 年 11 月

目　录

第一章 架子工的基础知识

第一节 架子工职业技能等级要求

1. 初级架子工应符合下列规定

(1) 理论知识

1）了解高处作业中防高处坠落的安全技术规定；

2）了解搭、拆脚手架中防粉尘飘逸和防噪声的环境管理规定；

3）熟悉毛竹、木杆、扣件式钢管普通脚手架搭设和拆除程序；

4）了解施工现场安全防护设施（基坑、楼层临边的防护栏杆、安全网、安全防护棚等）的搭设和拆除程序；

5）熟悉常用工具、量具名称，了解其功能和用途；

6）了解安全生产基本常识及常见安全生产防护用品的功用。

(2) 操作技能

1）会使用竹篾、塑篾、铅丝对毛竹杆件进行连接绑扣；

2）会使用铅丝对木杆杆件进行连接绑扣；

3）会使用工具对钢管杆件进行扣件安装；

4）能够使用工具对毛竹、木杆杆件进行切割配制；

5）会使用不同长度规格的钢管安装成架；

6）会使用量具（尺）检测脚手架的构造参数（纵距、横距、步距）；

7）会使用劳防用品进行简单的劳动防护。

2. 中级架子工应符合下列规定

（1）理论知识

1）熟悉扣件式钢管脚手架安全技术规范；

2）熟悉门式钢管脚手架安全技术规范；

3）了解脚手架的施工方案，组织搭设和拆除工作；

4）熟悉毛竹脚手架选材质量和不同杆件的小头有效直径规范要求；

5）熟悉木杆脚手架选材质量和不同杆件的小头有效直径规范要求；

6）了解根据施工现场临时用电的标准，布置高压线防护排架的位置、构造；

7）了解根据高处作业的标准，实施工具式移动操作平台的构造要求；

8）了解编制普通脚手架的保养和隐患处理方案的方法；

9）熟悉安全生产操作规程。

（2）操作技能

1）能够使用柔性、刚性两种材料对不同脚手架与建筑物的连墙拉结；

2）能够安装连续式、间断式剪刀撑和横向斜撑；

3）会组织高度24m以下各类脚手架的平面布置、立面标准、安全防护的搭设和拆除；

4）能够进行门式脚手架的平面布置；

5）能够进行碗扣式脚手架的平面布置；

6）能够搭设工具式移动操作平台；

7）会组织搭设全竹高压线防护排架；

8）会组织对脚手架的自检、互检工作；

9）能够在作业中实施安全操作。

3. 高级架子工应符合下列规定

(1) 理论知识

1）熟悉各类脚手架和高处作业规范的所有强制性条款；

2）了解按照施工现场常用脚手架的方案并组织落实交底工作的要求；

3）了解参与脚手架方案的细化工作和提出优化性建议的基本要求；

4）了解常用脚手架的验收程序；

5）掌握预防和处理质量和安全事故的方法及措施。

(2) 操作技能

1）能够处理门式钢管架转角部位的两种方法和连墙件的安装；

2）会安装碗扣式钢管架的剪刀撑和连墙件；

3）熟练进行圆形平面建、构筑物（烟囱、水塔等）四角形、六角形、八角形的平面布置；

4）能够安装挑排脚手架的支架；

5）能够安装单片式、互爬式附着脚手架的支承架；

6）会组织高度 24m 以上高层脚手架的搭设和拆除；

7）能够按安全生产规程指导初、中级工作业。

4. 架子工技师应符合下列规定

(1) 理论知识

1）熟悉计算普通脚手架用料的方法；

2）了解根据建筑的形式，计算挑排脚手架支架的规格和设计安装程序的要求；

3）了解对一般的脚手架施工方案可操作性进行审核的方法；

4）熟悉脚手架验收评定工作的要求；

5）了解计算机操作的理论知识；

6）熟悉有关安全法规及简单突发安全事故的处理程序。

（2）操作技能

1）熟练进行挑排脚手架与支架的安装和拆卸工作；

2）能够组织整体升降附着脚手架的机位安装和拆卸工作；

3）能够按照建筑轴线布置桥式脚手架的立杆并组装桥架；

4）了解高层建筑脚手架搭设的本工种职业等级人员的配备；

5）能够根据生产环境，提出安全生产建议，并处理简单突发安全事故。

5. 架子工高级技师应符合下列规定

（1）理论知识

1）熟悉审核所有脚手架方案的要求，并且能提供经济性、简便性、安全性、可靠性脚手架建议；

2）掌握有关安全法规及突发安全事故的处理程序；

3）熟悉操作计算机为脚手架工程服务的方法。

（2）操作技能

1）能够主持大型、超大型、超高型的脚手架搭设和拆除；

2）能够主持特殊工程结构，复杂型脚手架搭设和拆除；

3）能够编制突发安全事故处理的预案，并熟练进行现场处置。

第二节 脚手架的作用和分类

1. 脚手架的作用

在建筑工程施工中，脚手架是一项不可缺少的架设工具。脚手架的作用主要有以下两点：

1）可以使建筑工人在高空不同的建筑部位进行操作。

2）保证建筑工人在进行高空操作过程中的安全。

上述两个作用是相辅相成的，有了安全保护的作用，才能发挥高空操作的作用；起不到保证安全的作用，建筑工人也就不能在上面进行施工操作。因此，脚手架施工中安全是第一位的，必须牢记。

建筑施工中，无论结构施工还是室内外装饰施工都离不开脚手架，脚手架的搭设质量对施工人员的人身安全、工程进度、工程质量有着直接影响。如果脚手架搭设不好，不仅架子工本身不安全，而且对其他施工人员也极易造成伤害；脚手架搭得不及时，就会耽误工期；脚手架搭得不合适，就会给施工操作带来不便，影响工程效率和质量。因此，一定要重视脚手架的搭设质量。

2. 脚手架的分类

（1）按脚手架用途划分

1）操作（作业）脚手架。操作脚手架是为施工操作提供高处作业条件的脚手架。操作脚手架又分为结构作业脚手架（结构脚手架）和装修作业脚手架（装修脚手架）。其架面施工荷载标准值分别规定为 $3kN/m^2$ 和 $2kN/m^2$。

2）防护用脚手架。防护用脚手架是指只用作安全防护的脚手架，包括各种护栏架和棚架。其架面施工（搭设）荷载标准值可按 $1kN/m^2$ 计算。

3）承重、支撑用脚手架。承重、支撑用脚手架是指用于材料的运转、存放、支撑以及其他承载用途的脚手架，如收料平台、模板支撑架和安装支撑架等。其架面施工荷载按实际使用值计算。

(2) 按脚手架构架方式划分

1）杆件组合式脚手架。杆件组合式脚手架俗称“多立杆式脚手架”，简称“杆组式脚手架”。

2）框架组合式脚手架。框架组合式脚手架即由简单的平面框架（如门架）与连接、撑拉杆件组合而成的脚手架，简称“框组式脚手架”。例如门式钢管脚手架、梯式钢管脚手架等。

3）格构件组合式脚手架。格构件组合式脚手架即由桁架梁和格构柱组合而成的脚手架，如桥式脚手架。

4）台架。台架是指具有一定高度和操作平面的平台架，多为定型产品，其本身具有稳定的空间结构。可单独使用或立拼增高与水平连接扩大，并常附带有移动装置。

(3) 按脚手架设置形式划分

1）单排脚手架。单排脚手架是指只有一排立杆的脚手架，其小横杆的另一端搁置在墙体结构上。

2）双排脚手架。双排脚手架是指具有两排立杆的脚手架。

3）多排脚手架。多排脚手架是指具有三排以上立杆的脚手架。

4）满堂脚手架。满堂脚手架是指按施工作业范围满设的、两个方向各有3排以上立杆的脚手架（图 1-1）。

图 1-1　满堂脚手架

图 1-2　交圈（周边）脚手架

5）满高脚手架。满高脚手架是指按墙体或施工作业最大高度，由地面起满高度设置的脚手架。

6）交圈（周边）脚手架。交圈（周边）脚手架是指沿建筑物或作业范围周边设置并相互交圈连接的脚手架（图 1-2）。

7）特形脚手架。特形脚手架是指具有特殊平面和空间造型的脚手架，如用于烟囱、水塔、冷却塔以及其他平面为圆形、环形、“外方内圆”形、多边形和上扩、上缩等特殊形式的建筑施工脚手架（图 1-3）。

图 1-3　特形脚手架

(4) 按脚手架的支固方式划分

1）落地式脚手架。落地式脚手架是指搭设（支座）在地面、楼面、屋面或其他平台结构之上的脚手架。

2）悬挑脚手架。悬挑脚手架简称“挑脚手架”，是指采用悬挑方式支固的脚手架。

3）附墙悬挂脚手架。附墙悬挂脚手架简称“挂脚手架”，是指上部或（和）中部挂设于墙体挑挂件上的定型脚手架。

4）悬吊脚手架。悬吊脚手架简称“吊脚手架”，是指悬吊于悬挑梁或工程结构之下的脚手架。当采用篮式作业架时，称为“吊篮”（图 1-4）。

5）附着式升降脚手架。附着式升降脚手架简称“爬架”，是指附着于工程结构、依靠自身提升设备实现升降的悬空脚手架。

6）水平移动脚手架。水平移动脚手架是指带行走装置的脚手架（段）或操作平台架（图 1-5）。

图 1-4 吊篮

图 1-5 水平移动脚手架

（5）按脚手架平、立杆的连接方式分类

1）承插式脚手架。承插式脚手架是指在平杆与立杆之间采用承插连接的脚手架。常见的承插连接方式有插片和楔槽、插片和碗扣、套管和插头以及U形托挂等。

2）扣件式脚手架。扣件式脚手架是指使用扣件箍紧连接的脚手架，即靠拧紧扣件螺栓所产生的摩擦力承担连接作用的脚手架。

此外，按脚手架的材料不同还可划分为竹脚手架、木脚手架、钢管或金属脚手架；按搭设位置不同可划分为外脚手架和里脚手架；按使用对象或场合不同可划分为高层建筑脚手架、烟囱脚手架、水塔脚手架以及外脚手架、里脚手架。

第三节 房屋构造与建筑识图

1. 房屋构造

一幢民用建筑，例如教学楼，一般是由基础、墙（或柱）、楼板层及地坪层（楼地层）、屋顶、楼梯和门窗等主要部分组成，如图 1-6 所示。

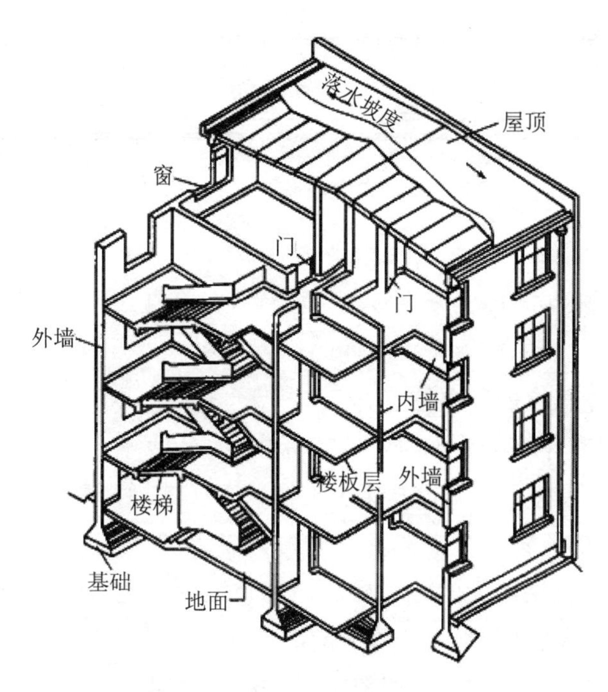

图 1-6　房屋构造的组成

1）基础。基础是房屋最下部埋在土中的扩大构件，它承受着房屋的全部荷载，并把荷载传给基础下面的土层（地基）。

2）墙与柱。墙与柱是房屋的垂直承重构件，它承受楼地面和屋顶传来的荷载，并把这些荷载传给基础。墙体还是分隔、围护构件，外墙阻隔雨、风、雪、寒暑对室内的影响，内墙起着分隔房间的作用。

3）楼面与地面。楼面与地面是房屋的水平承重和分隔构件。楼面是指二层或二层以上的楼板。地面又称为底层地坪，是指第一层使用的水平部分。它们承受着房间的家具、设备和人员的重量。

4）楼梯。楼梯是楼房建筑中的垂直交通设施，供人们上下楼层和紧急疏散之用。

5）屋顶（屋盖）。屋顶是房屋顶部的围护和承重构件。它一般由承重层、防水层和保温（隔热）层三大部分组成，主要抵御阳光辐射和风、霜、雨、雪的侵蚀，承受外部荷载以及自身重量。

6）门和窗。门和窗是房屋的围护构件。门主要供人们出入通行，窗主要供室内采光、通风、眺望之用。同时，门窗还具有分隔和围护作用。

2. 建筑识图

(1) 建筑总平面图识读

1）表明新建区域的地貌、地形、平面布置，包括红线位置，各建（构）筑物、河流、道路、绿化等的位置及相互间的位置关系。

2）确定新建房屋的平面位置。

①可根据原有建筑物或道路定位，标注定位尺寸。

②修建成片住宅、较大的公共建筑物、工厂或地形复杂时，用坐标确定房屋及道路折点的位置。

3）表明建筑首层地面的绝对标高，室外地坪、道路的绝对标高；阐明土方填挖情况、地面坡度及雨水排除方向。

4）用指北针和风向频率玫瑰图来表示建筑的朝向。风向频率玫瑰图上所表示风的吹向，是指从外面吹向地区中心的。风向频率玫瑰图还表示该地区常年风向频率。它是根据某一地区多年统计的各个方向吹风次数的百分数值，按一定比例绘制，用 16 个罗盘方位表示。实线图形表示常年风向频率，虚线图形表示夏季的风向频率。

5）根据工程的需要，有时还有水、电、暖等管线的平面图，各管线综合布置图、竖向设计图、道路纵横剖面图以及绿化布置图等。

(2) 建筑平面图识读

1）表明建筑物及其各部分的平面尺寸。在建筑平面图中，必须详细标注尺寸。平面图中的尺寸分为外部尺寸和内部尺寸。外部尺寸有三道，一般沿横向、竖向分别标注在图形的下方和左方。

①第一道尺寸：表示建筑物外轮廓的总体尺寸（即外包尺寸）。它是从建筑物一端外墙边到另一端外墙边的总长和总宽尺寸。

②第二道尺寸：表示轴线之间的距离（即轴线尺寸）。它标注在各轴线之间，说明房间的开间及进深的尺寸。

③第三道尺寸：表示各细部的位置和大小的尺寸（即细部尺寸）。它以轴线为基准，标注出门、窗的大小和位置，墙、柱的大小和位置。此外，台阶（或

坡道)、散水等细部结构的尺寸可分别单独标出。

内部尺寸标注在图形内部。用以说明房间的净空大小；内门、窗的宽度；内墙厚度以及固定设备的大小和位置。

2）表明建筑物的平面形状，内部各房间包括楼梯、走廊、出入口的布置及朝向。

3）表明地面及各层楼面标高。

4）表明各种代号和编号，门、窗位置，以及门的开启方向。门的代号用M表示，窗的代号用C表示，编号数用阿拉伯数字表示。

5）表示剖面图剖切符号、详图索引符号的位置及编号。

6）综合反映其他各工种（工艺、水、电、暖）对土建的要求。各工程要求的坑、台、地沟、水池、消火栓、电闸箱、雨水管等及其在墙或楼板上的预留洞，应在图中表明其位置及尺寸。

7）表明室内装修做法。包括室内地面、墙面及顶棚等处的材料及做法。

一般简单的装修在平面图内直接用文字说明；较复杂的工程则另列房间明细表和材料做法表，或另画建筑装修图。

8）文字说明。平面图中不易表明的内容，如施工要求、砖及灰浆的强度等级等需用文字说明。

(3) 建筑立面图识读

1）图名、比例。立面图的比例常与平面图一致。

2）标注建筑物两端的定位轴线及其编号。在立面图中一般只画出两端的定位轴线及其编号，以便与平面图对照。

3）画出室内外地面线、房屋的勒脚、外部装饰及墙面分格线。表示出屋顶、雨篷、台阶、阳台、雨水管、水斗等细部结构的形状和做法。为使立面图外形清晰，通常把房屋立面的最外轮廓线画成粗实线，室外地面用特粗线表示，门窗洞口、檐口、阳台、雨篷、台阶等用中实线表示；其余的，如墙面分隔线、门窗格子、雨水管以及引出线等均用细实线表示。

4）表示门窗在外立面的分布、外形、开启方向。在立面图上，门窗应按标准规定的图例画出。门、窗立面图中的斜细线是开启方向符号。细实线表示向外开，细虚线表示向内开。一般无需将所有的窗都画上开启符号。凡是窗的型号相同的，只画出其中一两个即可。

5）标注各部位的标高及必须标注的局部尺寸。在立面图上，高度尺寸主要用标高表示。一般要注出室内外地坪、一层楼地面、窗台、窗顶、阳台面、檐口、女儿墙压顶面、进口平台面及雨篷底面等的标高。

6）标注出详图索引符号。

7）文字说明外墙装修做法。根据设计要求外墙面可选用不同的材料及做法。在立面图上一般用文字说明。

（4）建筑剖面图识读

1）图名、比例及定位轴线：剖面图的图名与底层平面图所标注的剖切位置符号的编号一致；在剖面图中，应当标出被剖切的各承重墙的定位轴线及与平面图一致的轴线编号。

2）表示出室内底层地面到屋顶的结构形式、分层情况：在剖面图中，断面的表示方法与平面图相同。断面轮廓线用粗实线表示，钢筋混凝土构件的断面可涂黑表示。其他没被剖切到的可见轮廓线用中实线表示。

3）标注各部分结构的标高和高度方向尺寸：剖面图中应标注出室内外地面、各层楼面、檐口、楼梯平台、女儿墙顶面等处的标高。其他结构则应注高度尺寸。高度尺寸分为三道：

①第一道：总高尺寸，标注在最外边。

②第二道：层高尺寸，主要表示各层的高度。

③第三道：细部尺寸，表示门窗洞、阳台、勒脚等的高度。

4）文字说明某些用料及楼面、地面的做法等。需画详图的部位，还应标注出详图索引符号。

（5）建筑详图识读

1）外墙身详图识读。外墙身详图实际上是建筑剖面图的局部放大图。它主要表示房屋的屋顶、楼层、檐口、地面、窗台、门窗顶、勒脚、散水等处的构造；楼板与墙的连接关系。

①外墙身详图的主要内容包括：标注墙身轴线编号和详图符号；采用分层文字说明的方法表示楼面、屋面、地面的构造；表示各层梁、楼板的位置及与墙身的关系；表示檐口部分如女儿墙的构造、防水及排水构造；表示窗台、

窗过梁（或圈梁）的构造情况；表示勒脚部分如房屋外墙的防潮、防水和排水的做法：外墙身的防潮层，一般在室内底层地面下 60mm 左右处，外墙面下部有厚 30mm 的 1:3 水泥砂浆，层面为褐色水刷石的勒脚，墙根处有坡度 5% 的散水；标注各部位的标高及高度方向和墙身细部的大小尺寸；文字说明各装饰内、外表面的厚度及所用的材料。

②外墙身详图阅读时应注意的问题：

a. 屋面、地面、散水、勒脚等的做法、尺寸应和材料做法对照；

b. ±0.000 或防潮层以下的砖墙以结构基础图为施工依据，看墙身剖面图时，必须与基础图配合，并注意 ±0.000 处的搭接关系及防潮层的做法；

c. 要注意建筑标高和结构标高的关系。建筑标高一般是指地面或楼面装修完成后上表面的标高，结构标高主要指结构构件的下皮或上皮标高。在预制楼板结构楼层剖面图中，一般只注明楼板的下皮标高。在建筑墙身剖面图中只注明建筑标高。

2）楼梯详图识读。楼梯是房屋中比较复杂的构造，目前多采用预制或现浇钢筋混凝土结构。楼梯由楼梯段、休息平台和栏板（或栏杆）等组成。

楼梯详图一般包括：平面图、剖面图及踏步栏杆详图等。它们表示出楼梯的形式，踏步、平台、栏杆的尺寸、构造、材料和做法。楼梯详图分为建筑详图与结构详图，并分别绘制。对于比较简单的楼梯，建筑详图和结构详图可以合并绘制，编入建筑施工图和结构施工图。

①楼梯平面图：一般每一层楼都要画一张楼梯平面图。三层以上的房屋，若中间各层的楼梯位置及其梯段数、踏步数和大小相同时，通常只画底层、中间层和顶层三个平面图。

楼梯平面图实际是各层楼梯的水平剖面图。水平剖切位置应在每层上行第一梯段及门窗洞口的任一位置处。各层（除顶层外）被剖到的梯段，按国标规定，均在平面图中以一根 45° 折断线表示。在各层楼梯平面图中应标注该楼梯间的轴线及编号，以确定其在建筑平面图中的位置。底层楼梯平面图还应注明楼梯剖面图的剖切符号。

平面图中要注出楼梯间的开间和进深尺寸、楼地面和平台面的标高及各细部的详细尺寸。通常把梯段长度尺寸与踏面宽的尺寸、踏面数合写在一起。

②楼梯剖面图：假设用一铅垂平面通过各层的一个梯段和门窗洞将楼梯剖开，向另一未剖到的梯段方向投影，所得到的剖面图即为楼梯剖面图。

楼梯剖面图表达出房屋的层数，楼梯梯段数，步级数以及楼梯形式，楼地面、平台的构造及与墙身的连接等。若楼梯间的屋面没有特殊之处，一般可不画。

楼梯剖面图中还应标注平台面、地面、楼面等处的标高和楼层、梯段、门窗洞口的高度尺寸。楼梯高度尺寸标注法与平面图梯段长度标注法相同。

楼梯剖面图中也应标注承重结构的定位轴线及编号。对需画详图的部位标注详图索引符号。

③节点详图：楼梯节点详图主要表示栏杆、扶手和踏步的细部构造。

（6）结构施工图识读

1）基础结构图识读。基础结构图（即基础图），是表示建筑物室内地面（±0.000）以下基础部分的平面布置和构造的图样，包括基础平面图、基础详图和文字说明等。

①基础平面图：主要包括图名、比例；纵横定位线及其编号（必须与建筑平面图中的轴线一致）；基础的平面布置，即基础墙、柱及基础底面的形状、大小及其与轴线的关系；断面图的剖切符号；轴线尺寸、基础大小尺寸和定位尺寸；施工说明。

②基础详图：基础详图是用放大的比例画出的基础局部构造图，它表示基础不同断面处的构造做法、详细尺寸和材料。基础详图的主要内容包括：轴线及编号；基础的基础形式、断面形状、材料及配筋情况；防潮层的位置及做法；基础详细尺寸。表示基础的各部分长宽高，基础埋深，垫层宽度和厚度等尺寸；主要部位标高，如室内外地坪及基础底面标高等。

2）楼层结构平面图识读。楼层结构平面图是假想沿着楼板面（结构层）把房屋剖开所做的水平投影图。它主要表示楼板、柱、梁、墙等结构的平面布置，现浇楼板、梁等的构造、配筋以及各构件间的连接关系。一般由平面图和详图所组成。

3）屋顶结构平面图识读。屋顶结构平面图是表示屋顶承重构件布置的平面图，它的图示内容与楼层结构平面图基本相同，对于平屋顶，因屋面排水的需要，承重构件应按一定坡度铺设，并设置上人孔、天沟、屋顶水箱等。

第四节 架子工安全操作规则

1）搭设或拆除脚手架必须按照专项施工方案，操作人员必须经专业训练，考核合格之后发给操作证，持证上岗操作。

2）钢管有严重弯曲、锈蚀、压扁或裂纹的不得使用，扣件有脆裂、变形、滑丝的严禁使用。

3）竹脚手架的立杆、顶撑、剪刀撑、大横杆、支杆等有效部分的小头直径不得小于 7.5cm，小横杆直径不得小于 9cm。达不到要求的，立杆间距应缩小。青嫩、白麻、裂纹、虫蛀的竹竿不得使用。

4）木脚手板应用厚度不小于 5cm 的杉木或者松木板，宽度以 20 ～ 30cm 为宜，凡是腐朽、斜纹、扭曲、破裂和大横透节的不得使用。板的两端 8cm 处应用镀锌铁丝箍绕 2 ～ 3 圈或用铁皮钉牢。

5）竹片脚手板的板厚不得小于 5cm，螺栓孔不得大于 1cm。并且螺栓必须打紧。竹编脚手板必须牢固密实，而四周必须用 16 号铁丝绑扎。

6）脚手架的绑扎材料应采用 8 号镀锌铁丝或塑料篾，并且其抗拉强度应达到规范要求。

7）应将钢管脚手架的立杆垂直稳放在金属底座或垫木上，立杆间距不得大于 15m，架子宽度不得大于 12m，应设四根大横杆，步高不大干 1.8m。钢管的立杆、大横杆接头应错开，用扣件连接，拧紧螺栓，不准用铁丝绑扎。

8）竹脚手架必须采用双排脚手架，禁止搭设单排架。立杆间距不得大于 1.2m。

9）竹立杆的搭接长度与大横杆的搭接长度不得小于 1.5m。绑扎时应将小头压在大头上，绑扎不得少于三道。立杆、大横杆、小横杆相交时，不得一扣绑三根，应先绑两根，再绑第三根。

10）脚手架两端、转角处以及每隔 6 ～ 7 根立杆应设剪刀撑，与地面之间的夹角不得大于 60°，架子高度在 7m 以上，每二步四跨，脚手架同建筑物必须设连墙点，拉点应固定在立杆上，要做到有拉有顶，拉顶同步。

11）主体施工时在施工层面及上下层三层满铺，装修时外架脚手板必须由上而下满铺，并且铺搭面间隙不得大于 20cm，不得有空隙及探头板。脚手板应严密搭接，架子在拐弯处应交叉搭接。脚手板垫平时应用木块，并且要钉牢，不得用砖垫。

12）翻脚手板必须两个人由内向外按顺序进行，在铺第一块或翻到最外一块脚手板时，必须挂好安全带。

13）斜道的铺设宽度不得小于 1.2m，坡度不得大于 1:3，并且防滑条间距不得大于 30cm。

14）脚手架的外侧、斜道以及平台，必须绑 1 ～ 1.2m 高的护身栏杆和钉 20 ～ 30cm 高的挡脚板，并满挂安全防护立网。

15）砌筑用的里脚手架铺设宽度不得小于 1.2m，高度应保持比外墙低 20cm，支架间距不得大于 1.5m，支架底脚应有垫木块，并支在能承重的结构上。搭设双层架时，必须上下支架对齐，支架间应绑斜撑拉固，不准随意搭设。

16）脚手架拆除时必须正确使用安全带。拆除脚手架时，必须有专人看管，周围应设围栏或警戒标志，非工作人员不得入内。拆除连墙点之前应先进行检查，采取加固措施后，按照顺序由上而下，一步一清，注意不准上下同时交叉作业。

17）在拆除脚手架大横杆、剪刀撑时，应先拆中间扣，再拆两头扣，由中间操作人员往下顺杆子。

18）拆下的脚手杆、脚手板、扣件、钢管、钢丝绳等材料，严禁往下抛掷。

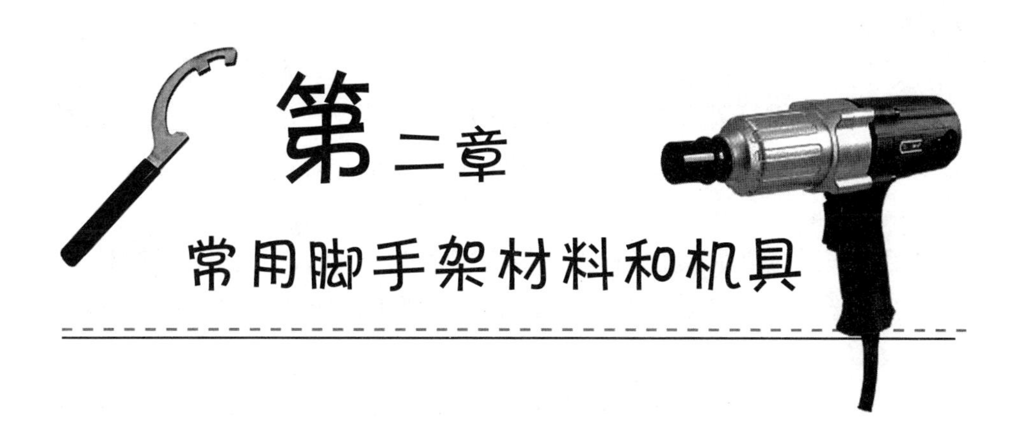

第二章 常用脚手架材料和机具

第一节 脚手架常用材料

1. 钢管架料

(1) 钢管

钢管采用直缝电焊钢管或低压流体输送用焊接钢管，有外径 48mm、壁厚 3.5mm 和外径 51mm、壁厚 3.0mm 两种规格。不允许两种规格混合使用。

钢管脚手架的各种杆件应优先采用外径 48mm，厚 3.5mm 的电焊钢管。用于立柱、大横杆和各支撑杆（斜撑、剪刀撑、抛撑等）的钢管最大长度不得超过 6.5m，一般为 4 ～ 6.5m；小横杆所用钢管的最大长度不得超过 2.2m，一般为 1.8 ～ 2.2m。每根钢管的重量应控制在 25kg 之内。钢管两端面应平整，严禁打孔、开口。

通常对新购进的钢管先进行除锈，钢管内壁刷涂两道防锈漆，外壁刷涂防锈漆一道、面漆两道。对旧钢管的锈蚀检查应每年一次。检查时，在锈蚀严重的钢管中抽取三根，在每根钢管的锈蚀严重部位横向截断取样检查。经检验符合要求的钢管，应进行除锈，并刷涂防锈漆和面漆。

（2）扣件

目前，我国钢管脚手架中的扣件有可锻铸铁扣件与钢板压制扣件两种。前者质量可靠，应优先采用。采用其他材料制作的扣件，应经实验证明其质量符合该标准的规定后方可使用。

脚手架采用的扣件，在螺栓拧紧扭力矩达 65N·m 时，不得发生破坏。

对新采购的扣件应进行检验。若不符合要求，应抽样送专业单位进行鉴定。

旧扣件在使用前应进行质量检查，有裂缝、变形的严禁使用，出现滑丝的螺栓必须更换。新旧扣件均应进行防锈处理。

（3）底座

底座是指用于立杆底部的垫座。扣件式钢管脚手架的底座有可锻铸铁制成的定型底座和套管、钢板焊接底座两种，可根据具体情况选用。几何尺寸如图 2-1 所示。

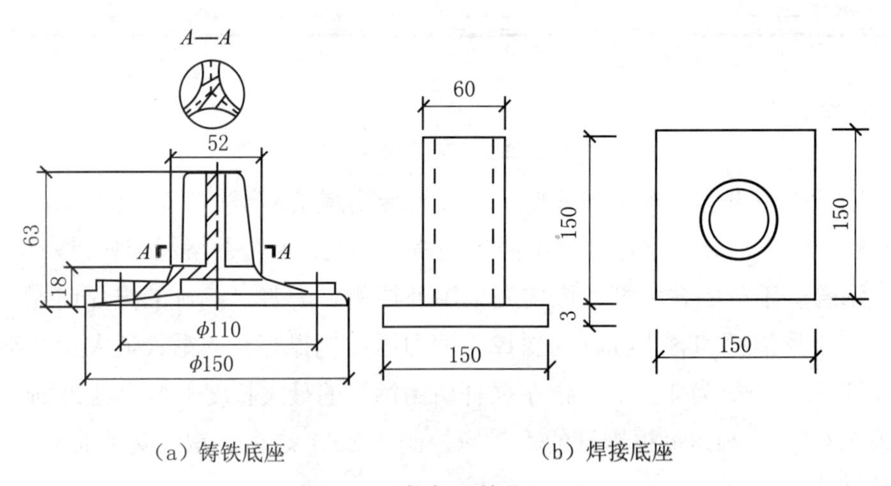

（a）铸铁底座　　（b）焊接底座

图 2-1　底座（单位：mm）

可锻铸铁制造的标准底座，其材质和加工质量要求与可锻铸铁扣件相同。

焊接底座采用 Q235A 钢，焊条应采用 E43 型。

2. 竹、木架料

（1）木材

木材可用作脚手架的立杆、大小横杆、剪刀撑和脚手板。

常用木材为剥皮杉或其他坚韧、质轻的圆木，不得使用柳木、杨木、桦木、椴木、油松等木材，也不得使用易腐朽、易折裂的其他木材。

用作立杆时，木料小头有效直径不小于70mm，大头直径不大于180mm，长度不小于6m；用作大横杆时，小头有效直径不小于80mm，长度不小于6m；用作小横杆时，杉杆小头直径不小于90mm，硬木（柞木、水曲柳等）小头直径不小于70mm，长度2.1～2.2m；用作斜撑、剪刀撑和抛撑时，小头直径不小于70mm，长度不小于6m；用作脚手板时，厚度不小于50mm。搭设脚手架的木材材质应为二等或二等以上。

（2）竹材

竹杆应选用生长期3年以上的毛竹或楠竹。要求竹杆挺直，质地坚韧。不得使用弯曲不直、青嫩、枯脆、腐朽、虫蛀以及裂缝连通两节以上的竹杆。有裂缝的竹材，在下列情况下，可用钢丝绑扎加固使用：作立杆时，裂缝不超过3节；作大横杆时，裂缝不超过2节；作小横杆时，裂缝不超过1节。

竹杆有效部分小头直径，用作立杆、大横杆、顶撑、斜撑、剪刀撑、抛撑等不得小于75mm；用作小横杆不得小于90mm；用作格栅、栏杆不得小于60mm。

承重杆件应选用生长期3年以上的冬竹（农历白露以后至次年谷雨前采伐的竹材）。这种竹材质地坚硬，不易虫蛀、腐朽。

注：如有需要时，需要用专用的竹、木材料的切割机来进行切割。

3. 绑扎材料

竹木脚手架的各种杆件通常使用绑扎材料加以连接，木脚手架常用的绑扎材料有镀锌钢丝和钢丝两种。竹脚手架可以采用竹篾、镀锌钢丝以及塑料篾等。竹脚手架中所有的绑扎材料均不得重复使用。

(1) 镀锌钢丝

抗拉强度高、不易锈蚀，是最常用的绑扎材料，常用 8 号和 10 号镀锌钢丝。8 号镀锌钢丝直径 4mm，抗拉强度为 900MPa；10 号镀锌钢丝直径为 3.5mm，抗拉强度为 1000MPa。镀锌钢丝使用时不准用火烧，次品和腐蚀严重的产品不得使用。

(2) 钢丝

常采用 8 号回火冷拔钢丝，使用前要经过退火处理（又称火烧丝）。腐蚀严重、表面有裂纹的钢丝不得使用。

(3) 竹篾

由毛竹、水竹或慈竹破成，要求篾料质地新鲜、韧性强、抗拉强度高；不得使用发霉、虫蛀、断腰、大节疤等竹篾。竹篾使用前应置于清水中浸泡 12h 以上，使其柔软、不易折断。竹篾的规格见表 2-1。

竹篾规格 **表 2-1**

名称	长度（m）	宽度（mm）	厚度（mm）
毛竹蔑水竹 慈片篾	3.5 ～ 4.0 ＞ 2.5	20 5 ～ 45	0.8 ～ 1.0 0.6 ～ 0.8

(4) 塑料篾

塑料篾又称纤维编织带。必须采用有生产厂家合格证书和力学性能试验合格数据的产品。

4. 脚手板

脚手板铺设在小横杆上，形成工作平台，以便于施工人员工作和临时堆放零星施工材料。它必须符合强度和刚度的要求且能够保护施工人员的安全，并把施工荷载传递给纵、横水平杆。

常用的脚手板主要有冲压钢板脚手板、木脚手板、钢木混合脚手板以及竹串片、竹笆板等，施工时可按照各地区的材源就地取材选用。每块脚手板的重量不宜大于 30kg。

（1）冲压钢板脚手板

冲压钢板脚手板用厚 1.5 ～ 2.0mm 钢板冷加工而成，其形式、构造和外形尺寸如图 2-2 所示，面上冲有梅花形翻边防滑圆孔。钢材应符合国家现行标准《优质碳素结构钢》GB/T 699—1999 的相关规定。

钢板脚手板的连接方式有挂钩、插孔式和 U 形卡式，如图 2-3 所示。

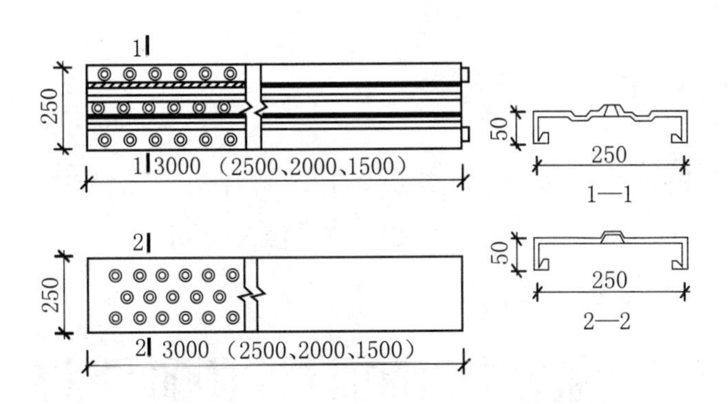

图 2-2 冲压钢板脚手板形式与构造

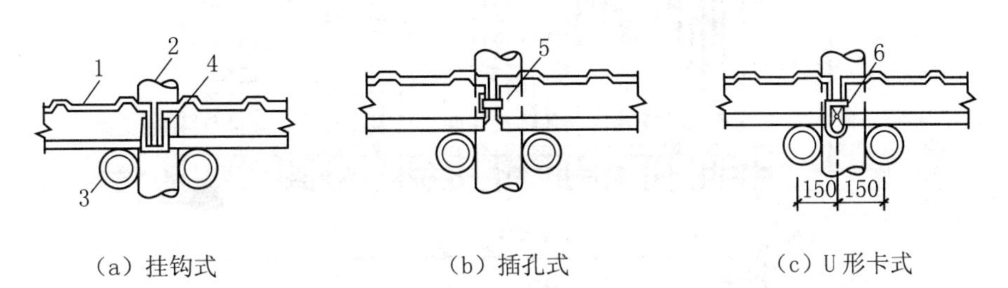

（a）挂钩式　（b）插孔式　（c）U 形卡式

图 2-3 冲压钢板脚手板的连接方式

1—钢脚手板；2—立杆；3—小横杆；4—挂钩；5—插销；6—U 形卡

（2）木脚手板

木脚手板应采用杉木或松木制作，其材质应符合现行国家标准的规定。脚手板厚度不应小于 50mm，板宽为 200 ～ 250mm，板长 3 ～ 6m。在板两端往内 80mm 处，用 10 号镀锌钢丝加两道紧箍，防止板端劈裂。

（3）竹串片脚手板

采用螺栓穿过并列的竹片拧紧而成。螺栓直径 8 ～ 10mm，间距 500 ～ 600mm，竹片宽 50mm；竹串片脚手板长 2 ～ 3m，宽 0.25 ～ 0.3m，如图 2-4 所示。

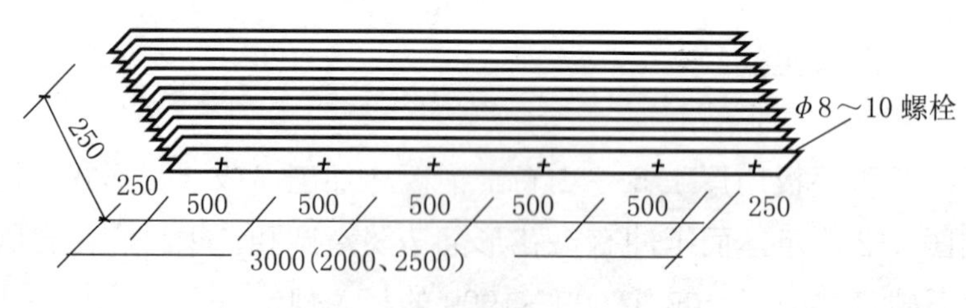

图 2-4　竹串片脚手板

（4）竹笆板

这种脚手板用竹筋作横挡，穿编竹片，竹片与竹筋相交处用钢丝扎牢。竹笆板长 2.0 ～ 2.5m，宽 0.8 ～ 1.2m，如图 2-5 所示。

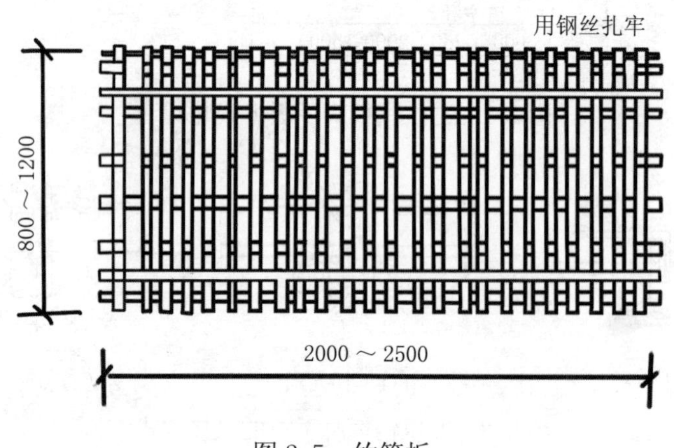

图 2-5　竹笆板

（5）钢竹脚手板

这种脚手板用钢管作直挡，钢筋作横挡，焊成爬梯式，在横挡间穿编竹片，如图 2-6 所示。

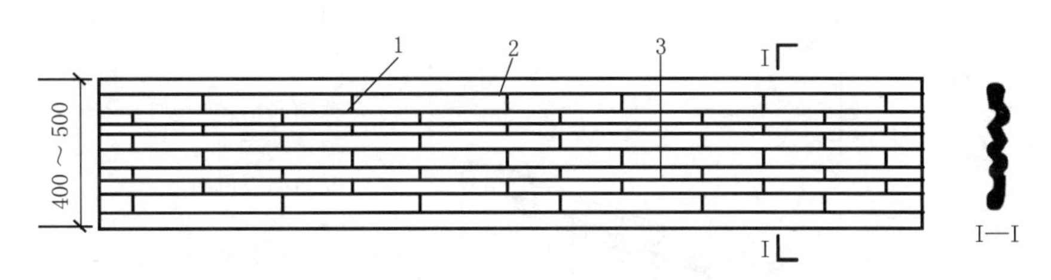

图 2-6 钢竹脚手板

1—钢筋；2—钢管；3—竹片

第二节 脚手架常用机具

1. 常用手工工具

（1）钎子

钎子是用来搭拆木、竹脚手架时拧紧钢丝用的，如图 2-7 所示。钎子一般长 30cm，可以附带槽孔，用来拔钉子或紧螺栓。

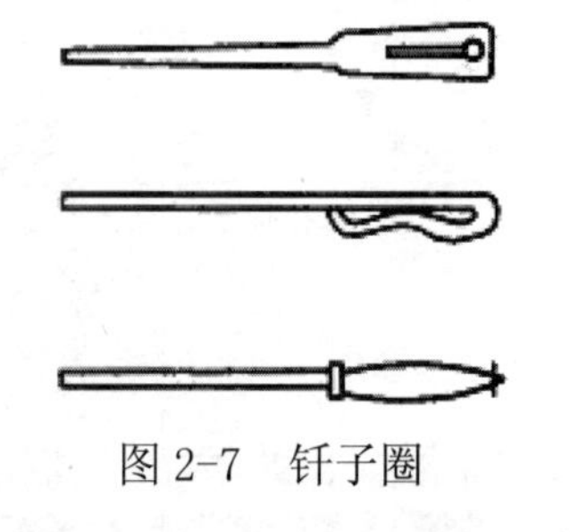

图 2-7 钎子圈

（2）扳手

扳手是一种旋紧或拧松有角螺栓、螺钉、螺母螺钉或螺母的开口或套孔固件的手工工具，通常用碳素结构钢或合金结构钢制造。使用时沿螺纹旋转方向在柄部施加外力，就能拧转螺栓或螺母。

扳手的种类及说明，详见表2-2。

扳手的种类及说明　　表2-2

序号	种类	图示	说明
1	活络扳手	1—呆扳唇；2—活扳唇；3—蜗轮；4—轴销；5—手柄	活络扳手，又叫活扳手，活络扳手由呆扳唇、活扳唇、蜗轮、轴销和手柄组成。常用有250mm、300mm等两种规格，使用时应根据螺母的大小选配。 使用活络扳手时，应注意以下事项： 1）扳动小螺母时，因需要不断地转动蜗轮，调节扳口的大小，所以手应靠近呆扳唇，并要用大拇指调制蜗轮，以适应螺母的大小。 2）活络扳手的扳口夹持螺母时，呆扳唇在上，活扳唇在下，切不可反过来使用。 3）在扳动生锈的螺母时，可在螺母上滴几滴煤油或机油。 4）在拧不动时，切不可采用钢管套在活络扳手的手柄上来增加扭力，因为这样极易损伤活络扳唇。 5）不得把活络扳手当锤子用。
2	开口扳手		开口扳手，也称呆扳手，有单头和双头两种，其开口和螺钉头、螺母尺寸相适应的，并根据标准尺寸做成一套。
3	两用扳手		两用扳手的一端与单头呆扳手相同，另一端与梅花扳手相同，两端拧转相同规格的螺栓或螺母。
4	梅花扳手		梅花扳手的两端具有带六角孔或十二角孔的工作端，它只要转过30°，就可改变扳动方向，所以在狭窄的地方工作较为方便。
5	扭力扳手		扭力扳手，又叫力矩扳手、扭矩扳手、扭矩可调扳手等，分为定值式、预置式两种。定值式扭力扳手，在拧转螺栓或螺母时，能显示出所施加的扭矩；预置式扭力扳手，当施加的扭矩到达规定值后，会发出信号。

续表

序号	种类	图示	说明
6	套筒扳手		套筒扳手，是由多个带六角孔或十二角孔的套筒并配有手柄、接杆等多种附件组成，特别适用于拧转地位十分狭小或凹陷很深处的螺栓或螺母。使用时用弓形的手柄连续转动，工作效率较高。

(3) 钢丝钳、钢丝剪、斩斧

钢丝钳、钢丝剪、斩斧用于剪断钢丝（图 2-8）。

钢丝钳又名花腮钳、克丝钳，用于夹持或弯折薄片形、圆柱形金属零件及切断金属丝，其旁刃口也可用于切断细金属丝。

（a）钢丝钳　　（b）钢丝剪

图 2-8　钢丝钳、钢丝剪

(4) 撬棍（撬杠）

撬棍（撬杠）是用来移动物体和矫正构件。用圆钢或六角钢（Q255 钢或 45 钢）锻制而成，一头做成尖锥形，另一头做成鸭嘴形或虎牙形，并弯折成 40°～50°，如图 2-9 所示。

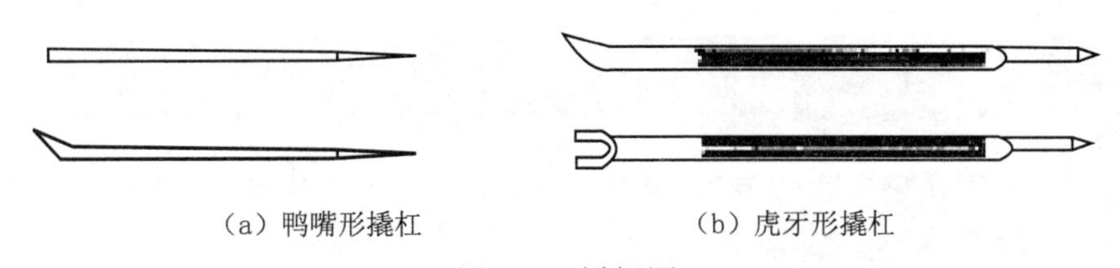

（a）鸭嘴形撬杠　　（b）虎牙形撬杠

图 2-9　撬棍图

2. 常用吊具

（1）钢丝绳

结构吊装施工中，常用的钢丝绳是由6束绳股和一根绳芯捻成的，绳芯通常为麻芯，绳股是由多根直径为0.4～4mm，强度为1400～2000MPa的高强度钢丝捻成的。钢丝绳按绳股及每股中的钢丝数可区分为6股7丝、7股7丝、6股19丝、6股37丝和6股61丝等几种。各种绳索的规格性能见产品合格证。选用时要确保安全，使绳索承受的拉力在允许拉力的范围内。

（2）吊钩

吊钩是起重装置钩挂重物的吊具。吊钩有单钩、双钩两种形式，常用的单钩形式有直柄单钩和吊环圈单钩两种，如图2-10所示。

吊钩表面应光滑，不得有剥痕、刻痕、锐角、裂缝等缺陷，并不准补焊后使用。在挂吊索时，要特别注意将吊索挂到吊钩底。

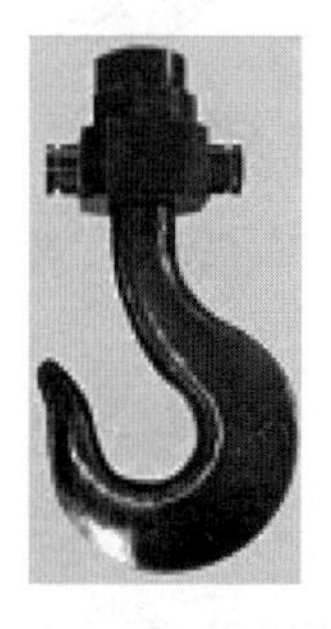

（a）直柄单钩

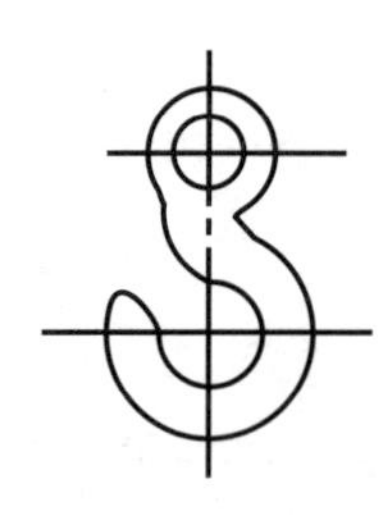

（b）吊环圈单钩

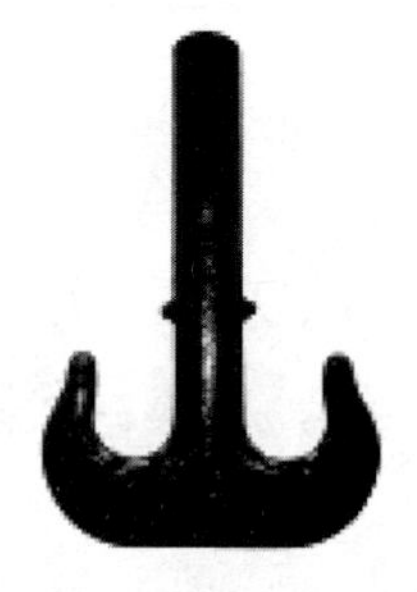

（c）双钩

图2-10 吊钩图

（3）套环（三角圈）

套环装置在钢丝绳的端头，使钢丝绳在弯曲处呈弧形，不易折断，如图2-11所示。

套环的选用应根据钢丝绳的直径大小和受力情况来决定。

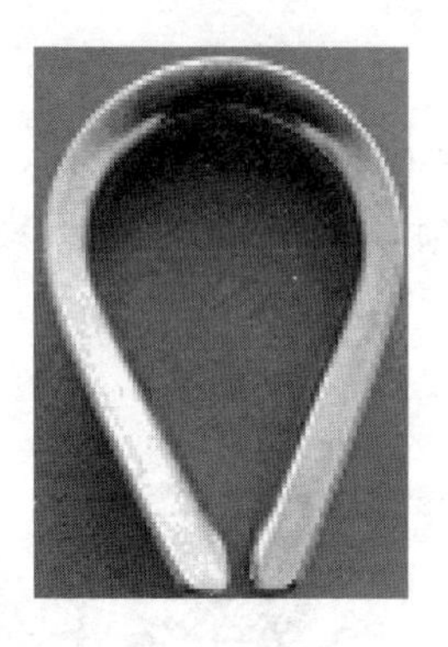

(a) 实物图

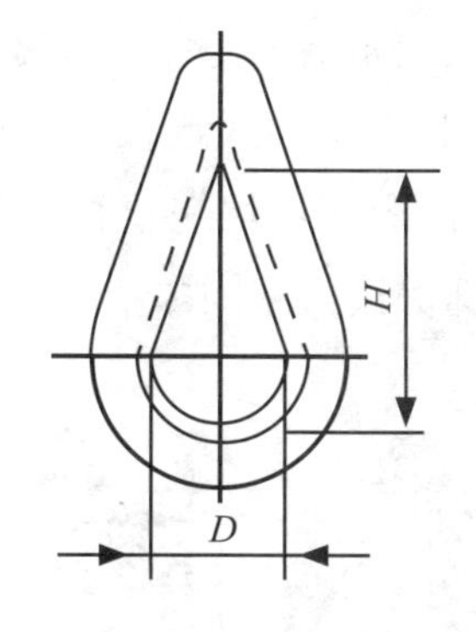

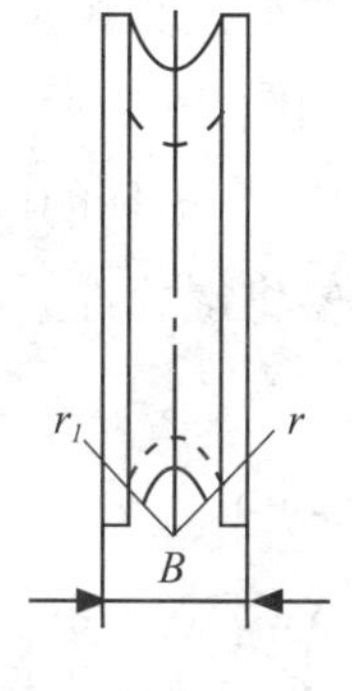

(b) 结构图

图 2-11 套环

(4) 卸扣

卸扣又称卡环，用于吊索与吊索或吊索同构件吊环之间的连接。卸扣由一个止动销和一个 U 形环组成，如图 2-12 所示。

(a) 实物图

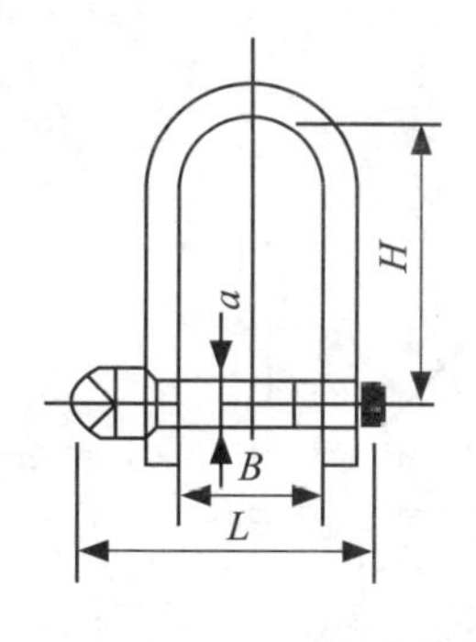

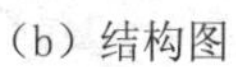

(b) 结构图

图 2-12 卸扣

应根据钢丝绳的直径选用卸扣，卸扣在使用时不准超过额定荷载，并应使卸扣销轴和环底受力，同时注意检查止动销是否拧紧。

（5）钢丝绳夹头

钢丝绳夹头用于钢丝绳的连接接头等。有骑马式、压板式和拳握式三种形式，如图 2-13 所示，其中骑马式连接力最强，应用最为广泛。选用夹头，应使其“U”形环的内侧净距比钢丝绳直径大 1 ～ 3mm，不能太大，安装夹头时一定要将螺栓拧紧，确保接头牢固。

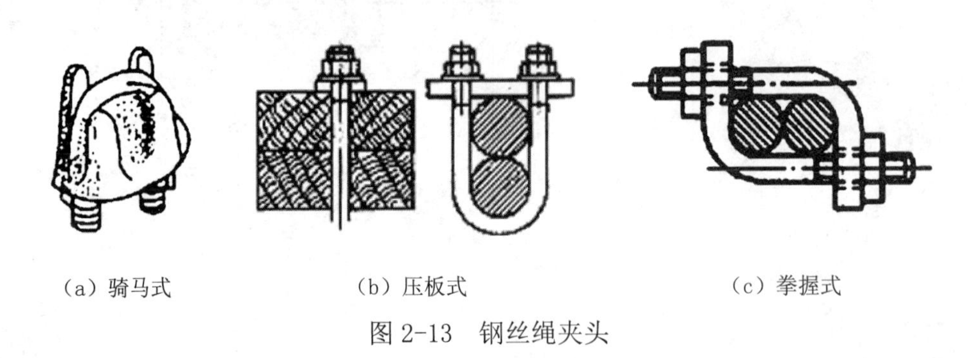

（a）骑马式　　（b）压板式　　（c）拳握式

图 2-13　钢丝绳夹头

（6）横吊梁

横吊梁，又称钢扁担，用于承担吊索对构件的轴向压力和减少起吊高度。其装置如图 2-14 所示。

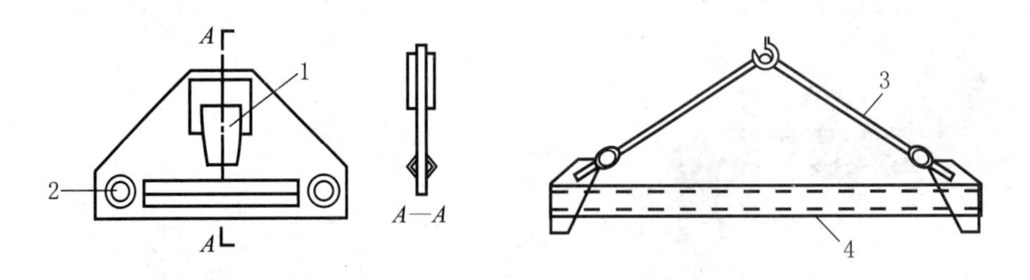

（a）钢板横吊梁（吊柱子用）　　（b）一字形横吊梁（吊屋架等用）

图 2-14　横吊梁

1—挂起重机吊钩的孔；2—挂吊索的孔；3—吊索；4—金属支杆

（7）花篮螺栓

花篮螺栓，又称螺旋拉紧器、螺旋扣。主要用于拉紧或放松拉绳索和缆风绳的一种方便且常用的工具，形状如图 2-15（a）所示。高层建筑外脚手架如果采用斜拉悬吊卸荷方法搭设，斜拉杆（索）经常采用花篮螺栓调整其长度和拉紧力。

这些花篮螺栓拉紧或松弛幅度一般在 80 ～ 500mm 之间；承载能力可以在 1 ～ 45kN 之间。花篮螺栓分为 CO 型、CC 型、OO 型等，如图 2-15（b）、（c）、（d）所示。所谓“C”型“O”型表示的都是螺杆端部的挂钩形式。

在选用时，应全面考虑所需要的张拉荷载、松紧弛张的幅度要求以及挂钩要求后，根据花篮螺栓规格长度来选择型号。

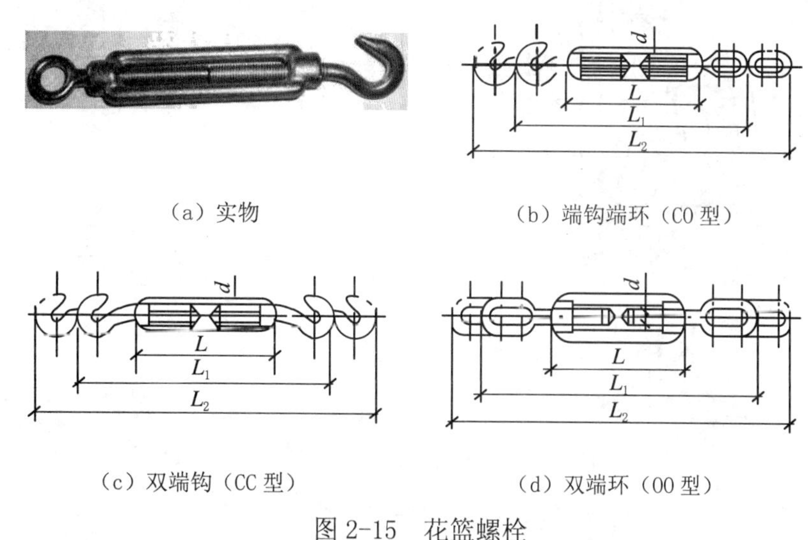

（a）实物　（b）端钩端环（CO 型）

（c）双端钩（CC 型）　（d）双端环（OO 型）

图 2-15　花篮螺栓

3. 常用机具

（1）钢丝绳手扳葫芦

手扳葫芦具有体积小、质量轻（自重一般为 6 ～ 30kg）、操作灵活、牵引方向和距离不受限制，水平、垂直、倾斜都可以使用等优点，在施工中常用于收紧缆风绳和升降吊篮。手扳葫芦的构造及升降吊篮示意图如图 2-16 所示。

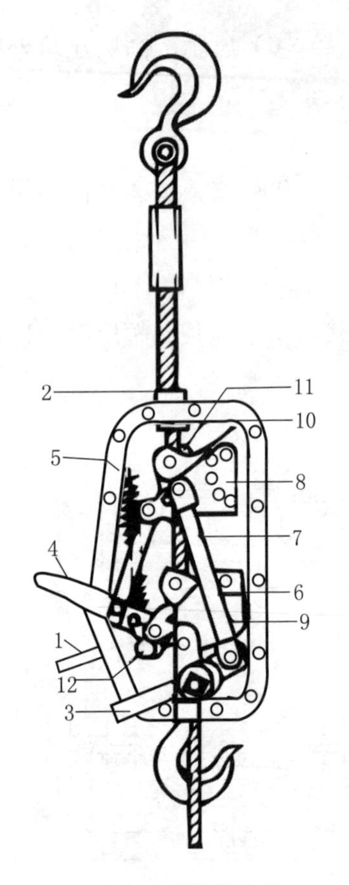

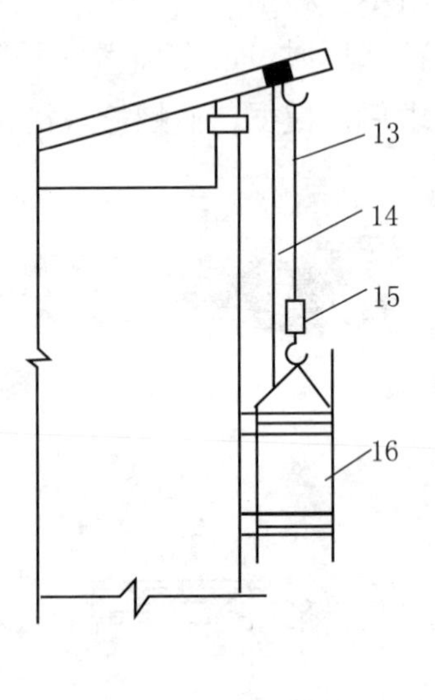

（a）升降吊篮示意　　　　（b）手扳葫芦构造

图 2-16　手扳葫芦构造及升降示意图

1—松卸手柄；2—导绳扎；3—前进手柄；4—倒退手柄；5—拉伸弹簧；6—左连杆；7—右连杆；8—前夹钳；9—后夹钳；10—偏心扳；11—夹子；12—拆卸曲柄；13—ϕ9mm 钢丝绳；14—ϕ12.5mm 保险绳；15—手扳葫芦；16—吊篮

（2）手拉环链葫芦

手拉环链葫芦又叫做链条葫芦，俗称“神仙葫芦”，它适用于小型设备和重物的短距离吊装，起重量一般不超过 10t。手拉环链葫芦的特点是结构紧凑、手拉力小、使用平稳，比其他起重机械容易掌握，是一种常用的简易起重工具，在升降式脚手架上应用较多。

手拉环链葫芦由链条（手拉链）、链轮、传动机构、起重链及上下吊钩等组成，如图 2-17 所示。

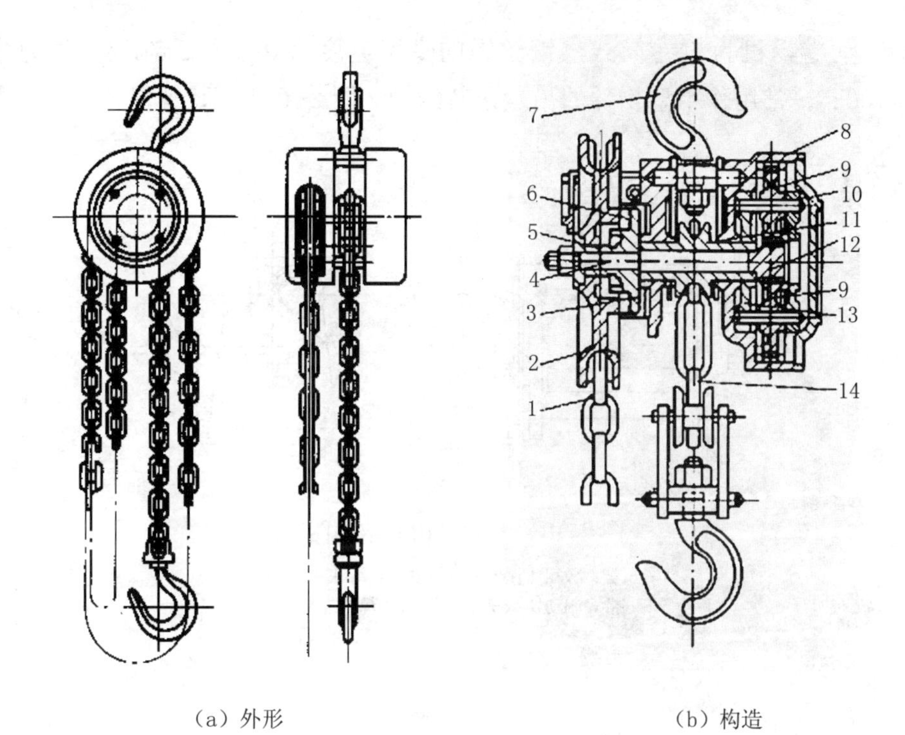

（a）外形　　　　（b）构造

图 2-17　手拉葫芦构造

1—手拉链；2—链轮；3—棘轮圈；4—链轮轴；5—圆盘；6—摩擦片；7—吊钩；8—齿圈；9、12—齿轮；10—齿轮轴；11—起重链轮；13—驱动机构；14—起重链

（3）手动卷扬机

手动卷扬机是用手摇柄经过一级或二级齿轮减速后驱动卷筒旋转的卷扬机，如图 2-18 所示。

图 2-18　手动卷扬机

手动卷扬机为单卷筒式，钢丝绳的牵引速度为 0.5 ～ 3m/min，拉力为 5 ～ 100kN，常用作小型物件的吊运，其结构如图 2-19 所示。

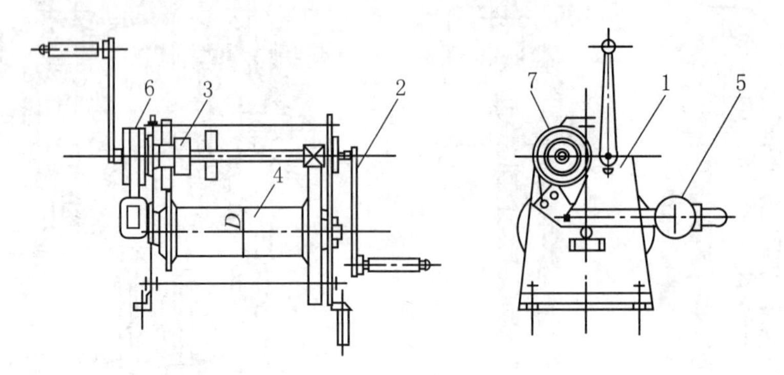

图 2-19 手动卷扬机结构图

1—机架；2—手柄；3—开式齿轮传动；4—卷筒；
5—带式制动器；6—制动轮；7—棘轮限制器

(4) 电动卷扬机

电动卷扬机的起重量大、速度快、操作方便。电动卷扬机外形如图 2-20 所示。

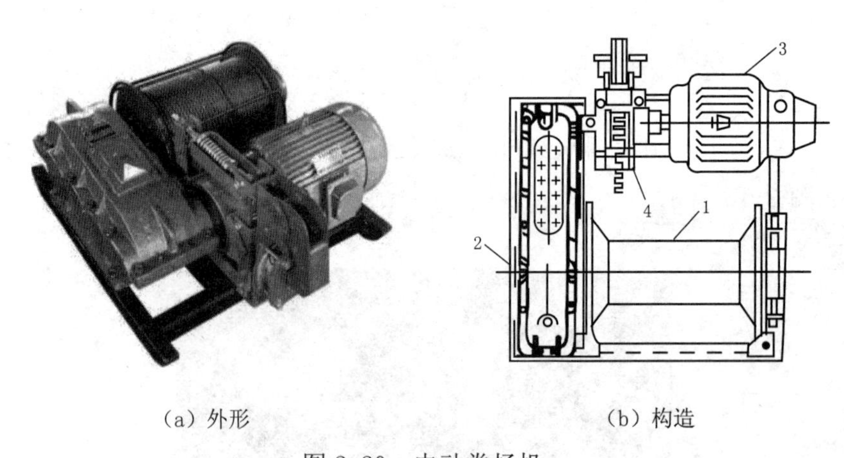

(a) 外形　　(b) 构造

图 2-20 电动卷扬机

1—卷筒；2—减速器；3—电动机；4—电磁制动器

电动卷扬机工作时电动机驱动卷筒可以做正反方向转动，这时电磁制动器处于松闸状态；当电动机停转时，电磁制动器立即抱闸，卷筒立即停转。

电动卷扬机有单卷筒和多卷筒几种。电动卷扬机按速度可分为快速（JJK）、慢速（JJM）和调速（JJT）3 种。

快速和调速卷扬机的拉力为 5 ～ 50kN，钢丝绳额定速度为 30m/min，配合井架、吊篮、滑轮组等可作垂直和水平运输用。慢速卷扬机，其额定拉力为 30 ～ 200kN，钢丝绳额定速度为 7 ～ 21m/min，配以拔杆、人字拔杆滑轮组等辅助设备，用作大型构件、设备安装和冷拉钢筋等用。

(5) 千斤顶

在建筑施工过程中，经常出现由于地基原因导致部分主杆下沉，使脚手架发生倾斜，此时，可以采用多人、多处一起用千斤顶慢慢顶升，然后在主杆与地面的空隙处夯实土层、衬入枕木再调整好整体脚手架的平直。

由于千斤顶体积小、构造简单、操作简便、工作时无冲击、无振动，能保证重物准确地停在一定的高度上，升举重物时不需要绳索、链条等辅助设备，所以经常被用于设备安装位置的校正。千斤顶按照不同的结构形式和工作原理，可以分为齿条千斤顶、螺栓千斤顶和油压千斤顶三种，如图 2 21 所示。

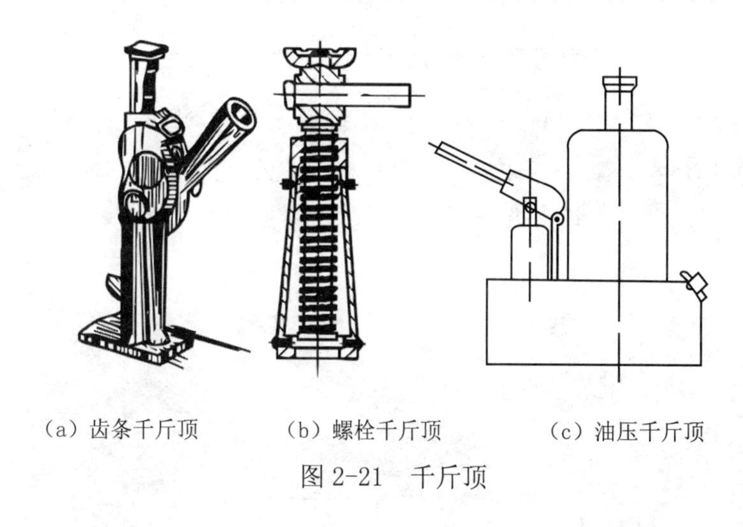

(a) 齿条千斤顶　(b) 螺栓千斤顶　(c) 油压千斤顶

图 2-21　千斤顶

齿条千斤顶在建筑安装工作中不常用。螺旋千斤顶结构紧凑、轻巧，起重能力一般为 5 ～ 500kN，工作行程（即顶升距离）为 130 ～ 350mm，可以直立使用，也可以水平使用。油压千斤顶最突出的特点是承载能力大，其承载能力为 150 ～ 5000kN，起升高度为 100 ～ 200mm，操作平稳、省力，所以在设备安装中使用广泛。

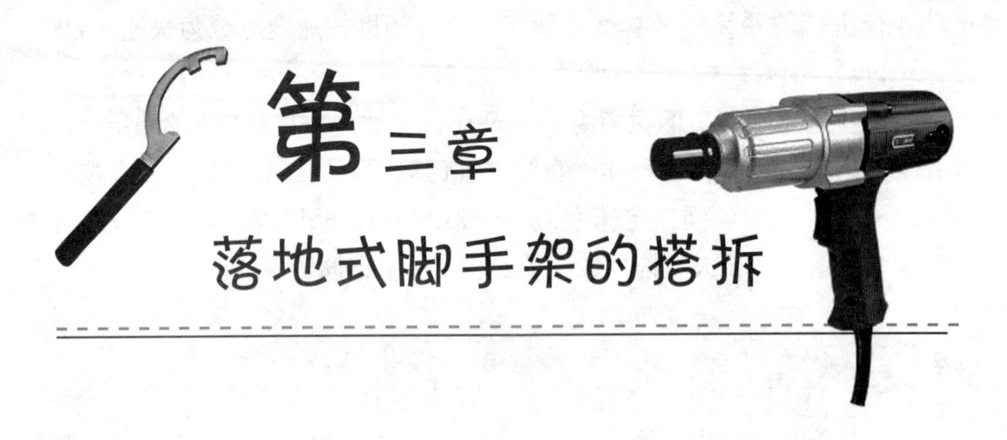

第三章 落地式脚手架的搭拆

第一节 落地扣件式钢管脚手架

1. 搭设脚手架所用配件

在建筑施工过程中，目前一般都使用金属管件及配件，搭建的一般都是扣件式钢管脚手架。

扣件式钢管脚手架的配件主要有钢管杆件、扣件、底座、脚手板和安全网（图 3-1）。

（a）钢管杆件

（b）扣件

（c）底座

（d）脚手板

（e）安全网

图 3-1　扣件式钢管脚手架的配件

（1）钢管

扣件式钢管脚手架的杆件应采用外径为 4.8cm、壁厚为 0.35cm 的 3 号焊接钢管。为便于脚手架的搭拆，确保施工安全和运转方便，小横杆所用钢管的最大长度不得超过 2.2m，一般为 1.8 ～ 2.2m；其他杆件所用钢管的长度一般分为 3m、4m、6m（图 3-2）。

图 3-2 钢管

搭设脚手架的钢管，必须进行防锈处理。外壁涂刷防锈漆及面漆，使用前应严格对钢管进行检查，凡严重锈蚀、薄壁、严重弯曲变形（图 3-3）或裂纹的杆件不得使用。

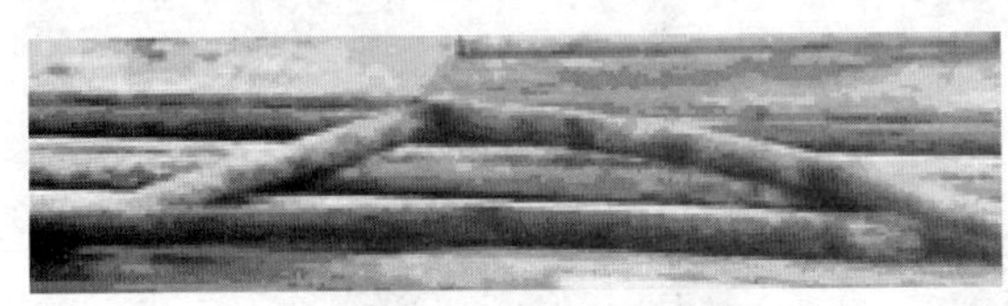
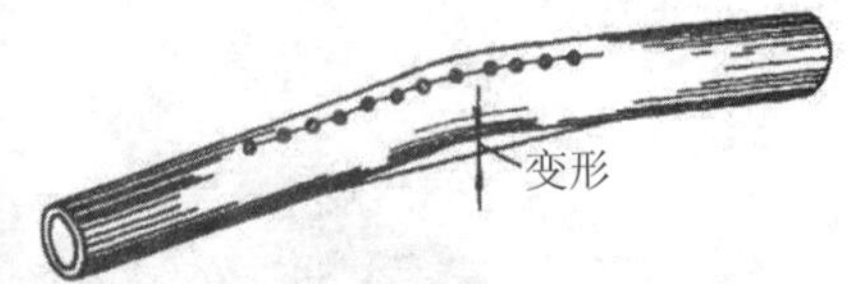

图 3-3 变形的钢管

（2）扣件

钢管脚手架的扣件，用于钢管杆件之间的连接。

基本形式有三种：一字形扣件（又称为对接扣件）、十字形扣件（又称为直角扣件）、旋转形扣件。

1）一字形扣件用于两根杆件的对接，如立杆或大横杆的接长（图 3-4）。

图 3-4　一字形扣件

2）十字形扣件：可用来连接两根垂直相交的杆件，如立杆与大横杆（图 3-5）。

图 3-5　十字形扣件

3）旋转形扣件：可用来连接呈任意角度相交的杆件，如立杆与剪刀撑（图 3-6）。

图 3-6　旋转形扣件

注：脚手架扣件应采用可锻铸铁制作，使用前应进行检查，严重锈蚀、脆裂、

滑丝、变形、裂缝、螺栓螺纹已损坏的扣件，严禁使用。出现滑丝的螺栓，必须更换。

（3）脚手板

脚手板铺设在脚手架施工作业面上，以便施工人员工作以及临时堆放零星施工材料。常用的是以松木为主的木脚手板（图 3-7）。

图 3-7 脚手板

木脚手板的厚度应不小于 5cm，宽度以 20 ～ 30cm 为宜，长度有 4m、6m 等不同规格。凡是腐朽、扭曲、斜纹、破裂和大横头结等不得使用(图 3-8)。

图 3-8 脚手板种类

脚手板的两端 8cm 处应用镀锌铁丝箍绕 2 ～ 3 圈，或用铁皮钉牢（图 3-9）。

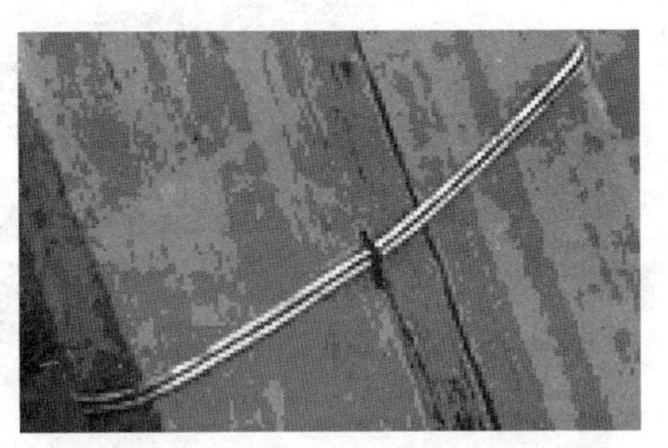

图 3-9 脚手板端头处理方法

（4）安全网

安全网是为了防止人、物坠落，避免或减轻坠落击打伤害的网具，安全网一般有平网和立网两种（图 3-10）。

图 3-10 安全网

平网为水平安装的网，主要用来托住坠落的人和物；立网为垂直安装的网，主要用于挡住人或物的闪出坠落。安全网必须有足够的强度和耐腐蚀性，符合国家安全标准，霉烂、腐朽、老化或有漏孔的网绝对不能使用。

2. 落地扣件式钢管脚手架的搭设

扣件式钢管脚手架具有加工简便、装拆灵活、搬运方便、通用性强的特点（图 3-11）。

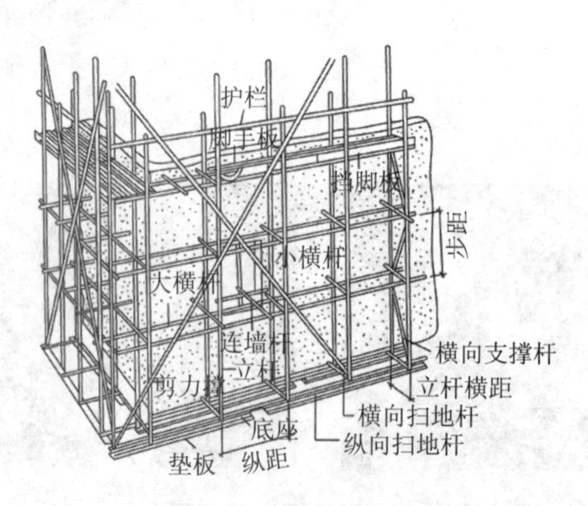

图 3-11 落地扣件式钢管脚手架示意图

(1)落地扣件式钢管脚手架搭设的注意事项

落地扣件式钢管脚手架搭设的注意事项，详见表3-1。

落地扣件式钢管脚手架搭设的注意事项　　表3-1

<table>
<tr><th>项目</th><th>图示及说明</th></tr>
<tr><td>架子工的操作方法</td><td>在施工中，架子工是一种集体组合工种，至少由三个人组成一个施工小组。脚手架一层层升高，而这三个人永远是一个人在下面递送钢管、配件；另外两个人一左一右，栓接、搭设钢管，无论是4m或是6m的大横杆，总要左右两人配合施工。

架子工在操作时，随着位置的移动随时系好安全带。搭设钢管时，一般是一只脚踩稳大横杆，一条腿攀住立杆。
</td></tr>
<tr><td>螺栓的紧固</td><td>无论是两根杆件的接长对接，还是连接两根垂直相交的杆件，都是先将扣件栓在固定管件上，然后再将要安装的管件安装好。
架子工操作时用的工具是扳手，扣件都是标准件。</td></tr>
</table>

续表

<table>
<tr><th>项目</th><th>图示及说明</th></tr>
<tr><td>螺栓的紧固</td><td>
施工时架子工就是要将扣件栓紧，搭设脚手架必须按规范进行，必须做到横平竖直、连接牢固、支撑挺直、通畅平坦。当用扳手紧螺栓时，要连接牢固，一般用扳手紧螺栓的力度为 15 ～ 20kg，即用提起 15 ～ 20kg 重物的力度紧螺栓。扣件螺栓拧得太紧或拧过头，脚手架承受荷载后，容易发生扣件崩裂或滑丝事故；扣件螺栓拧得太松，脚手架承受荷载后，容易发生扣件滑落事故

当要连接的管件不在一个水平线上，不能强迫连接，否则就在拆卸脚手架时极易出现钢管的反弹，危及施工人员的安全。
脚手架主要杆件的接茬点必须错开，钢管剪刀撑的接茬处必须搭接，其搭接长度不得少于 50cm。
立杆与大横杆的连接部位的扣件，应确保大横杆受力后不至向下滑移。
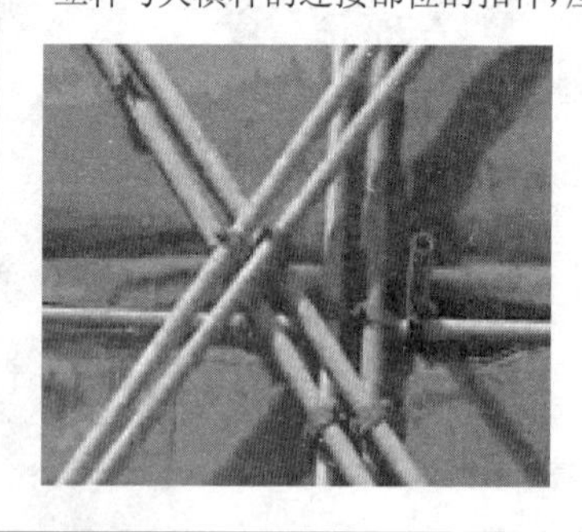</td></tr>
</table>

（2）落地扣件式脚手架的搭设方法

落地扣件式脚手架的搭设方法，详见表 3-2。

落地扣件式脚手架的搭设方法　　表 3-2

<table>
<tr><th>项目</th><th>图示及说明</th></tr>
<tr><td>落地扣件式脚手架的构造</td><td>落地扣件式钢管脚手架由立杆、大横杆、小横杆、剪刀撑、连墙件等组成。
1）立杆，垂直于地面的竖向杆件，是承受自重和施工荷载的主要杆件；
2）大横杆，沿脚手架纵向连接各立杆的水平杆件，其作用是承受并传递施工荷载给立杆；
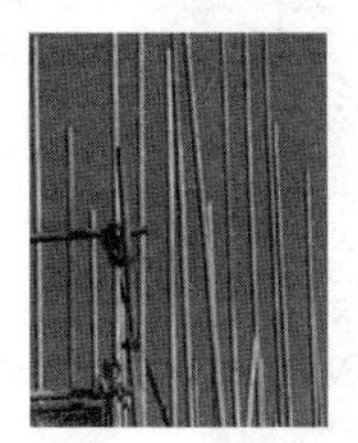 
3）小横杆，沿脚手架横向连接立杆的水平杆件，其作用是承受并传递施工荷载给立杆；

4）扫地杆，连接立杆下端贴近地面的水平杆，其作用是约束立杆下端不移动；
5）剪刀撑，在脚手架外侧面设置的成十字交叉的斜杆，可增强脚手架的稳定和整体力度；

6）连墙件，连接脚手架与建筑物的杆件；
</td></tr>
</table>

续表

<table>
<tr><th>项目</th><th>图示及说明</th></tr>
<tr><td>落地扣件式脚手架的构造</td><td>7）底座，立杆底部的垫座；

8）垫板，底座下的支撑板。
</td></tr>
<tr><td>落地式扣件脚手架的地基处理</td><td>搭建落地脚手架需要有稳定的基础支撑，以免发生过量沉降，特别是不均匀的沉降，引起脚手架倒塌，因此一定要将地基处理好。
首先，铺上三合土垫层，反复夯实。有可靠的排水措施，防止积水浸泡地基。根据施工的设计图纸，确定脚手架支柱的位置，进行放线。

按单双排的杆距排距要求放线、定位。
 </td></tr>
</table>

续表

<table>
<tr><th>项目</th><th>图示及说明</th></tr>
<tr><td>落地式扣件脚手架的地基处理</td><td>然后，在夯实的地面上，沿纵向铺放底层木板，将脚手架立杆底座，置于底层木板上，采用垫板来支撑立杆底座。底座木板一般采用长 2 ～ 2.5m，宽不小于 20cm，厚 5 ～ 6cm 的模板。
</td></tr>
<tr><td>脚手架各杆的搭设顺序</td><td>1）摆放扫地杆、竖立杆
脚手架必须设置纵、横向扫地杆，根据脚手架宽度，按设计要求摆放纵向扫地杆，脚手架的纵向杆一般多为单数。然后将各立杆的底部按规定跨距与纵向扫地杆用直角扣件固定，并安装好横向扫地杆。
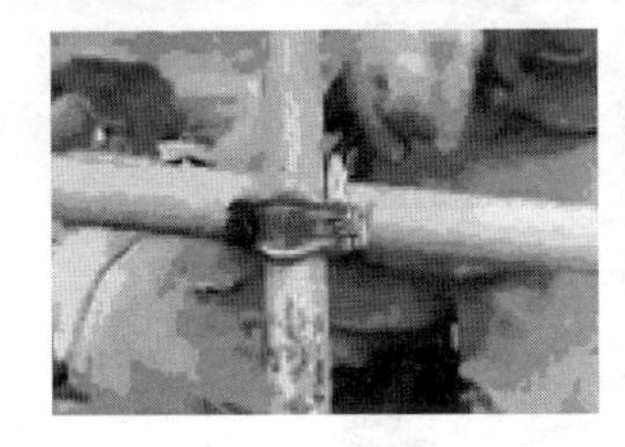 
横向扫地杆固定在立杆内侧，其距底座上皮的距离不应大于 20cm。横向扫地杆应采用直角构件，固定在紧靠纵向扫地杆的立杆上。

立杆要先竖里排立杆，后竖外排立杆；先竖两端立杆，后竖中间各根立杆；每个立杆底部应设置底座、垫板。

2）安装大横杆和小横杆
在竖立杆的同时，要及时搭设第一、二步大横杆和小横杆。应先安装大横杆，用直角扣件把大横杆固定在立杆内侧，再安装小横杆。</td></tr>
</table>

续表

项目	图示及说明
脚手架各杆的搭设顺序	   一般的一层楼高安装两根大横杆，但要在站人施工作业面处，离楼层地面1.4m高度加安一根大横杆，以保证施工人员的安全。   3）设置连墙件 连墙件指用短钢管将脚手架与墙体连接在一起，以保证脚手架的稳固、安全。  连墙件有刚性连墙件和柔性连墙件两类。 连墙件的布置应符合下列规定： ①宜靠近主节点布置，偏离主节点的距离不应大于300mm； ②应从底层第一步大横杆处开始设置，当该处设置有困难时，应采用其他可靠措施固定； ③宜采用菱形布置，不可以采用矩形、方形布置；

续表

<table>
<tr><th>项目</th><th>图示及说明</th></tr>
<tr><td>脚手架各杆的搭设顺序</td><td>
④一字形、开口形脚手架的两端必须设置连墙件，连墙件的垂直间距不应大于建筑物的层高，并不应大于 4m。
对高度在 24m 以下的单双排脚手架，宜采用刚性连墙件与建筑物可靠连接，宜可靠用拉筋和顶撑配合使用的附墙连接方式，严禁使用仅有拉筋的柔性连墙件；对高度在 24m 以上的双排脚手架，必须采用刚性连墙件与建筑物可靠连接。
连墙件的构造应符合下列规定：连墙件中的连墙杆或拉筋宜呈水平设置，当不能水平设置时，与脚手架连接的一端应采用下斜连接，不应采用上斜连接；连墙件必须采用可承受压力或拉力的构造。

①连墙件与预埋件连接。
先在浇混凝土的框架墙柱上留预埋件，然后用钢管或角铁的一端与预埋件连接，另一端用扣件与短钢管连接。

②用短钢管、扣件与墙体连接。
在浇筑混凝土墙体时，墙体在规定位置，预留下钢管直径的洞眼，然后将短钢管穿出，一端用扣件拴紧，固定在墙体上，另一端与大横杆用扣件连接。
 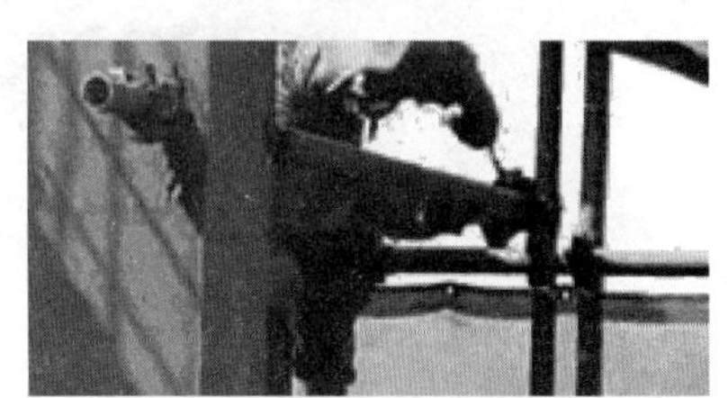
4）接立杆
扣件式脚手架除顶层顶部可采用搭接接头外，其他各层各部位，必须用对接扣件连接。对接的承载能力，是搭接的 2.14 倍。在搭设脚手架立杆时，为控制立杆的偏斜，对立杆的垂直度应用经纬仪或吊线进行检测。
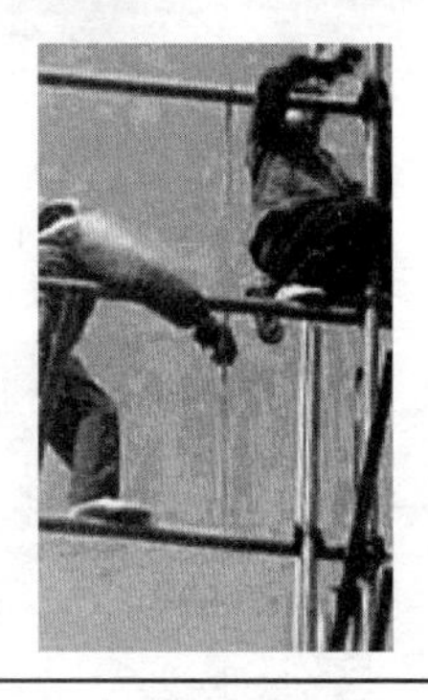
</td></tr>
</table>

续表

<table>
<tr><th>项目</th><th>图示及说明</th></tr>
<tr><td>脚手架各杆的搭设顺序</td><td>
5）设置剪刀撑
设置剪刀撑可增强脚手架的整体刚度和稳定性，提高脚手架的承载力。剪刀撑应随立杆、大横杆、横向水平杆的搭设同步搭设。脚手架应在整个外侧立面上连续设置剪刀撑，每道剪刀撑至少跨越4块，且宽度不小于6m。如果跨越的跨数少，剪刀撑的效果不显著，脚手架的纵向稳定性就会较差。

注：斜杆与地面的倾角应在45°～60°之间，高度在24m以下的单双排脚手架均必须在外侧立面的两端各设置一道剪刀撑，并应由底至顶连续设置，中间各道剪刀撑的净距不应大于15m；高度在24m以上的双排脚手架，应在外侧立面整个长度和高度上连续设置剪刀撑。剪刀撑斜杆的接长宜采用搭接，搭接要求同立杆搭接要求。
剪刀撑斜杆应该用旋转扣件固定在与之相较的大横杆上（旋转扣件中心线至主节点的距离不宜大于150mm）。

横向斜撑的设置应符合下列规定：横向斜撑应在同一节间，由底至顶层呈之字形连续布置；一字形、开口形双排脚手架的两端均必须设置横向斜撑；高度在24m以下的封闭形双排脚手架可不设横向斜撑；高度在24m以上的封闭形脚手架，除拐角应设置横向斜撑外，中间应每隔6跨设置一道，最下面的斜杆与立杆的连接点距地面的距离不宜大于50cm，应保证架子的安全。

底层斜杆的下端，必须支撑在垫块或垫板上，剪刀撑斜杆的接长要用搭接，搭接的长度不应小于1m，至少用两个旋转扣件固定。
6）脚手架封顶
扣件式钢管脚手架一次不宜搭得过高，应随着结构的升高而升高，脚手架在封顶时，必须按安全操作要求做到以下几点：立杆高出屋顶的高度，平屋顶高出女儿墙1m，坡屋顶超出檐口1.5m，里排立杆必须低于檐口10～200mm；绑扎两道护身栏杆，一道180mm高的挡脚板并立挂安全网。

</td></tr>
</table>

续表

项目	图示及说明
脚手架各杆的搭设顺序	7）铺脚手板 作业层上的脚手板应铺满、铺稳，脚手板的铺设宽度除考虑材料临时堆放的位置外，还应考虑施工人员的行走。脚手板边缘与墙面的间隙一般为12 ～ 15cm。  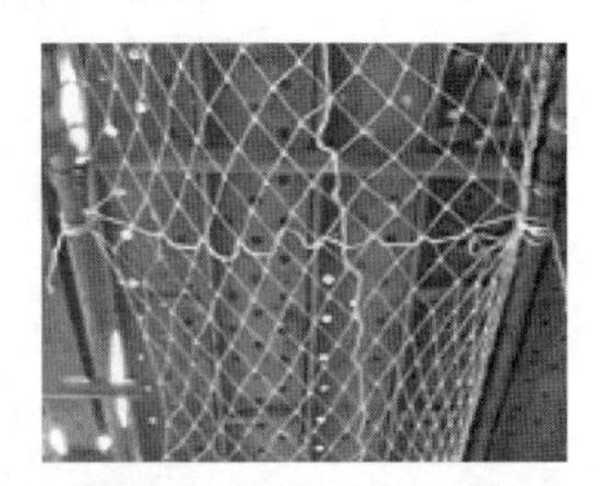 脚手板（冲压钢脚手板、木脚手板、竹串片脚手板等）应铺设在三根小横杆上，铺设时可采用对接平铺，也可采用搭接。   脚手板搭接铺设时，接头必须支在小横杆上。   铺设时应注意，作业层端部脚手板的一端探头长度不应小于15cm，并且板两端应与支撑杆固定牢靠。   

续表

项目	图示及说明
脚手架各杆的搭设顺序	8）护栏和挡脚板的设置 脚手架搭设到两步架以上时，操作层必须设置高1.2m的防护栏杆和高度不小于0.18m的挡脚板，以防止人、物的闪出和坠落。 栏杆和挡脚板均应搭设在外立杆的内侧，中栏杆应居中设置。  9）斜道板和人行架梯安装 作为小车和行人推行的栈道，一般规定在1.8m跨距的脚手架上使用，坡度为1:3。在斜道板框架两侧，设置横杆和斜杆，作为扶手和护栏。而在斜脚手板的挂钩点必须增设横杆。 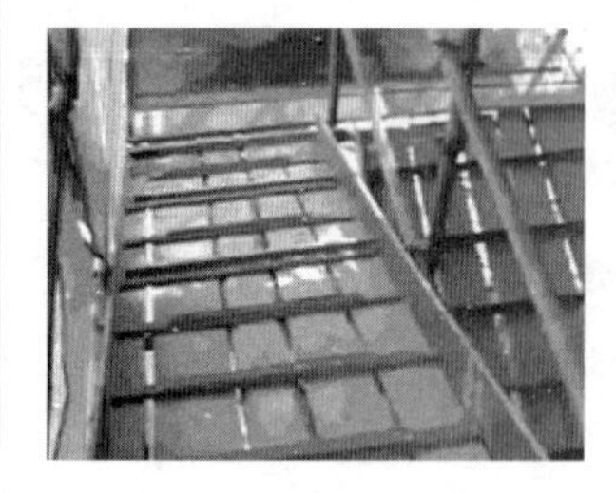  人行架梯设置在1.8m×1.8m的框架内，上面有挂钩可以直接挂在横杆上，架梯宽为540mm，一般在1.2m宽的脚手架内，布置两个呈折线形架设上升，在脚手架靠梯子一侧，安装斜杆或横杆作为扶手。人行架梯转角处的水平框架上应铺脚手板作为平台，立面框架上安装横杆作为扶手。  10）安装安全网 当脚手架随着施工进度已层层升高时，就要将安全网同步安装。安装时将安全网用铅丝与脚手架横杆连接好，安装时，要做到平整、无遗漏。  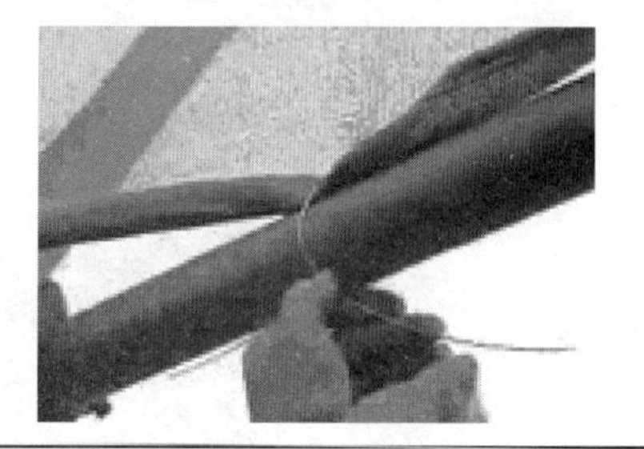

续表

<table>
<tr><th>项目</th><th>图示及说明</th></tr>
<tr><td>脚手架各杆的搭设顺序</td><td>11）整体式拼装
以上我们介绍了搭设脚手架的全过程，而在施工实际操作中，为了加快施工进度，也经常使用整体式拼装的方法。
所谓整体式拼装法，就是事先在地面将脚手架组装成整体，一般是五根立杆的宽度，一层楼的高度，脚手架的安装方法是相同的。

在地面拼装完成后，用塔吊吊装。这样地面、空中一起操作，可大大加快施工进度。
整体式拼装法常用于塔楼的施工建设。

12）避雷接地装置
脚手架必须有良好的避雷接地装置，以保证雷雨天施工人员的人身安全。
具体做法是：将钢筋埋入地下不得少于1.5m，钢筋间距为3m。然后将埋入地下的钢筋横向焊接好，再与脚手架立杆焊接，这样就可以起到避雷作用。

 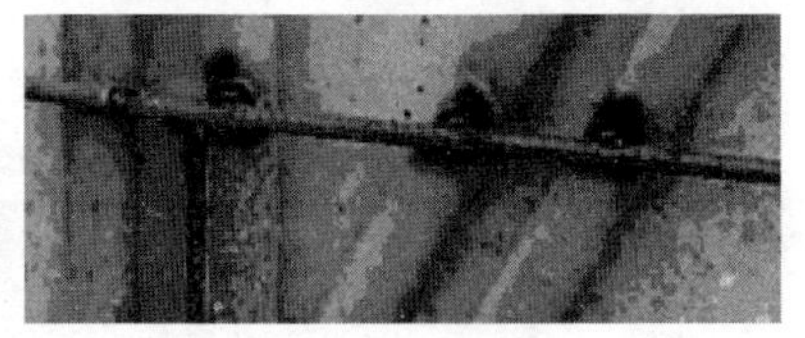</td></tr>
<tr><td>脚手架的使用要求</td><td>作业层上的施工荷载应符合设计要求，不得超载；不得在脚手架上集中堆放模板、钢筋等物件。</td></tr>
</table>

3. 脚手架的拆除

脚手架搭设到顶端时，建筑物的施工也就进入尾声了，施工完成后，需要将搭设好的脚手架进行拆除（脚手架拆除作业的危险性大于搭设作业）。

在进行拆除工作之前，必须做好准备工作。当工程施工完成后，必须经单位工程负责人检查、验证，确认脚手架不再需要后，方可拆除。

脚手架拆除必须由施工工程技术负责人下达拆除通知，拆除脚手架应制定拆除方案，并向操作人员进行技术交底。

（1）脚手架拆除工作的特点

1）时间紧、任务重。脚手架拆除工作一般在工程完成之后进行，与架体搭设不同，拆除工作往往要求在很短的时间内完成。如建筑物外墙施工用脚手架，架体随建筑结构逐层施工而逐层搭设，整个脚手架可能需要几个月甚至更长的时间，才能搭设完毕。而架体拆除时，整个工程基本结束，可能要求脚手架在几天内拆除，这就要求脚手架拆除组织工作必须做到井井有条，安全有效。

2）拆除工作难度大。脚手架拆除工作的难度大，主要表现在以下几个方面：

①拆除均为高处作业，人员、物体坠落的可能性大。

②大型建筑的外墙脚手架在搭设过程中，常利用塔式起重机等起重运输机械运送架体材料。而当拆除架体时，这些机械一般均已拆除退场，拆除下的各种架体材料只能通过人工运送至地面，操作人员的劳动强度与危险性均较大。

③拆除架体时，建筑物外墙装饰工程已基本完成，不允许碰撞、损坏，因此减小了架体拆除的操作空间，提高了操作要求。

④因建筑物外墙装饰已完成，直接影响到架体连墙件的安装数量和质量，也影响到架体的整体稳定性，给架体拆除工作提出了更高的要求。

(2) 脚手架拆除的施工准备

扣件式钢管脚手架拆除作业的危险性往往大于搭设作业，因此，在拆除工作开始前，必须充分做好以下准备工作：

1）明确任务。当工程施工完成后，必须经该工程项目负责人检查并确认不再需要脚手架后，下达正式脚手架拆除通知，方可拆除。

2）全面检查。检查脚手架的扣件连接、连墙件和支撑体系是否符合扣件式脚手架构造及搭设方案的要求。

3）制定方案。根据施工组织设计和检查结果，编制脚手架拆除方案，对人员组织、拆除步骤、安全技术措施提出详细要求。拆除方案必须经施工单位安全技术主管部门审批后方可实施。方案审批后，由施工单位技术负责人对操作人员进行拆除工作的安全技术交底。

4）清理现场。拆除工作开始前，应清理架体上堆放的材料、工具和杂物，清理拆除现场周围的障碍物。

5）人员组织。施工单位应组织足够的操作人员参加架体拆除工作。一般拆除扣件式钢管脚手架至少需要 8 ～ 10 人配合操作，其中 1 人负责指挥并监督检查安全操作规程的执行情况，架体上至少安排 3 人拆除，2 人配合传递材料，1 人负责拆除区域的安全警戒，另外 2 ～ 3 人负责清运钢管和扣件。如果是大范围的脚手架拆除，可以将操作人员分成若干个小组，分块、分段进行拆除。

(3) 脚手架的拆除工艺流程

脚手架的拆除顺序与搭设顺序相反，后搭的先拆，先搭的后拆。

扣件式钢管脚手架的拆除顺序为：

安全网→剪刀撑→斜道→连墙件→横杆→脚手板→斜杆→立杆→……→立杆底座。

脚手架拆除应自上而下逐层进行，严禁上、下同时作业。

(4) 脚手架拆除要点

1）连墙件必须随脚手架逐层拆除，严禁先将连墙件整层或数层拆除后，再拆脚手架杆件。

2）如部分脚手架需要保留而采取分段、分立面拆除时，对不拆除部分脚手架的两端必须设置连墙件和横向斜撑。连墙件垂直距离不大于建筑物的层高，并不大于2步（4m）。横向斜撑应自底至顶层呈之字形连续布置。

3）脚手架分段拆除高差不应大于2步，如高差大于2步，应增设连墙件加固。

4）当脚手架拆至下部最后一根立杆高度（约6.5m）时，应在适当位置先搭设临时抛撑加固后，再拆除连墙件。

5）拆除立杆时，把稳上部，再松开下端的联结，然后取下。

6）拆除水平杆时，松开联结后，水平托举取下。

7）严禁将拆卸下来的杆配件及材料从高空向地面抛掷，已吊运至地面的材料应及时运出拆除现场，以保持作业区整洁。

8）拆下的脚手架杆、配件，应及时检验、整修和保养，并按品种、规格、分类堆放，以便运输保管。

（5）拆除安全技术

1）操作人员必须是专业架子工并持证上岗。

2）作业人员必须戴安全帽、穿工作服、系好安全带、穿防滑软底鞋。

3）拆除现场应设围栏和警戒标志，并派专人看守，严禁非操作人员入内。操作人员在警戒区内运送拆卸下的构配件时，应暂停拆卸脚手架，待警戒区内无任何人走动时，才能继续拆除作业。

4）如架体附近有外电线路，应采取隔离措施，严防拆卸的杆件接触电线。

5）在拆除过程中，不得中途换人。如需换人时，应将拆除情况交代清楚后方可离开。

第二节 落地碗扣式钢管脚手架

落地碗扣式钢管脚手架的构造特点，是采用每隔0.6m设一套碗扣接头的定型立杆，以及两端焊有接头的定型横杆（图3-12）。

（a）定型立杆

（b）定型横杆

图 3-12 落地碗扣式钢管

落地碗扣式钢管脚手架的主要构件是焊接钢管。其核心部件是连接各杆头带齿的碗扣接头，它由上碗扣、下碗扣、横杆接头、斜杆接头和上碗扣限位销等组成（图 3-13）。

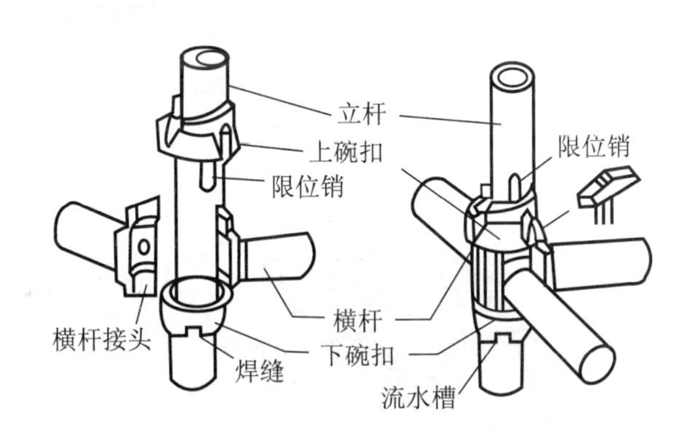

（a）连接前　　（b）连接后

图 3-13 碗口架节点

1. 落地碗扣式钢管脚手架搭设顺序

安放立杆底座或立杆可调底座→竖立杆、安放扫地杆→安装底层(第一步)横杆→安装斜杆→接头销紧→铺放脚手板→安装上层立杆→紧立杆连接销→安装横杆→设置连墙件→设置人行梯→设置剪刀撑→挂设安全网。

在操作时，一般由 1 ～ 2 人递送材料，另外 2 人配合组装。

注：落地碗扣式钢管脚手架应从中间向两边搭设，或两层同时按同一方向进行搭设，不得采用两边向中间合拢的方法搭设。

2. 落地碗扣式钢管脚手架搭设要求

落地碗扣式钢管脚手架的搭设，详见表 3-3。

落地碗扣式钢管脚手架的搭设　　表 3-3

项目	图示及说明
竖立杆、安放扫地杆	根据脚手架施工方案处理好地基后，在立杆的设计位置放线。  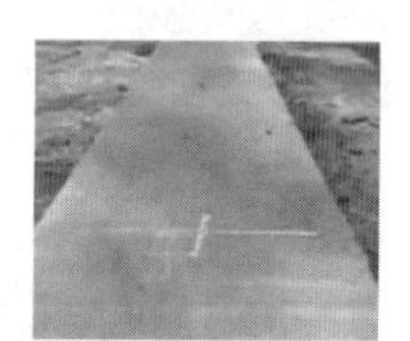  安放立杆垫座或可调底座，并竖立杆，为避免立杆接头处于同一水平面上，在平整的地基上脚手架底层的立杆应选用 3m 和 1.8m 两种不同长度的立杆互相交错、参差布置。以后在同一层中采用相同长度的同一规格的立杆接长，到架子顶部时，再分别用 1.8m 和 3m 两种不同长度的立杆找齐。  在地势不平的地基上，或者是高层及重载脚手架，应采用立杆可调底座，以便调整立杆的高度。当相邻立杆地基高差小于 0.6m，可直接用立杆可调座调整立杆高度，使立杆碗扣接头处于同一水平面内；当相邻立杆地基高差大于 0.6m 时，先调整立杆节间，使同一层碗扣接头高差小于 0.6m，再用可调座调整立杆高度，使其处于同一水平面内。

续表

<table>
<tr><th>项目</th><th>图示及说明</th></tr>
<tr><td rowspan="4">竖立杆、安放扫地杆</td><td>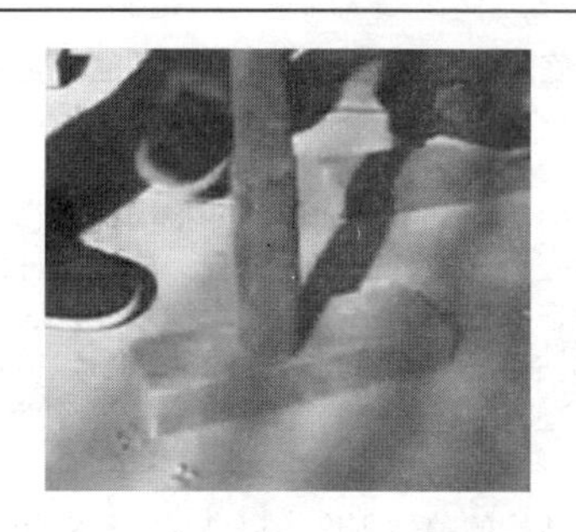
在竖立杆时，应及时设置扫地杆。</td></tr>
<tr><td>“在竖立杆时，应及时设置扫地杆。”下边右侧图
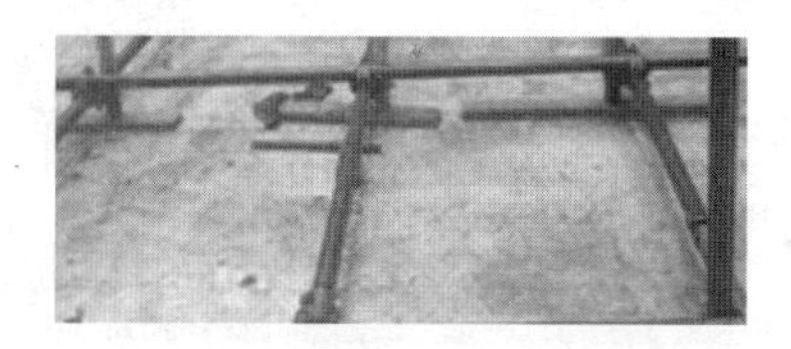</td></tr>
<tr><td>将所竖立杆连成一整体，以保证立杆的整体稳定性。
</td></tr>
<tr><td>立杆同横杆的连接是靠碗扣接头锁定，连接时先将立杆上碗扣划至限位销以上并旋转，使其搁在限位销上，将横杆接头插入立杆下碗扣，待应装横杆接头全部装好后，落下上碗扣并予以顺时针旋转、锁紧。
</td></tr>
<tr><td>安装底层横杆</td><td>碗扣式钢管脚手架的步距为600mm的倍数，一般采用1.8m。
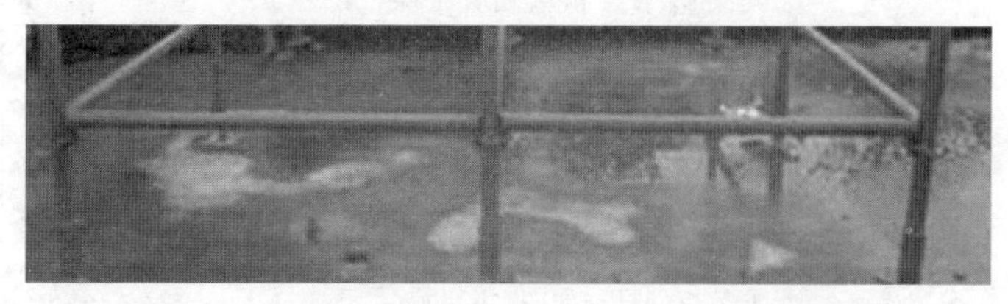</td></tr>
</table>

续表

项目	图示及说明
安装底层横杆	碗扣式钢管脚手架底层组架最为关键，其组装的质量直接影响到整架的质量。因此要严格控制搭设的质量，当组装完两层横杆，即安装完第一步横杆之后，应进行下列检查： 检查并调整水平框架，同一水平面上的四根横杆的直角度和纵向直线度，对曲线部位的脚手架应保证立杆的正确位置，检查横杆的水平度并通过调整立杆的可调底座来调整横杆间的水平，逐个检查立杆底角并确保所有立杆不能有浮地松动的现象，当底层架子符合搭设要求后，检查所有碗扣接头，并予以锁紧。
安装斜杆和剪刀撑	斜杆可增强脚手架结构的整体刚度，提高稳定承载能力。一般采用碗扣式钢管脚手架配套的系列斜杆，也可以用钢管和扣件代替。 采用碗扣式系列斜杆时，斜杆同立杆连接的节点可装成节点斜杆（即斜杆接头同横杆接头装在同一碗扣接头内）或非节点斜杆（即斜杆接头同横杆接头不装在同一碗扣接头内）。一般斜杆应尽可能设置在框架节点上。如果斜杆不能设置在节点上时，应呈错节布置，装成非节点斜杆，如右图所示。 利用钢管和扣件，在安装斜杆时，斜杆的设置更加灵活，可不受碗扣接头内允许装设杆件数量的限制。特别是设置大剪刀撑，包括安装竖向剪刀撑、纵向水平剪刀撑时，还能使脚手架的受力性能得到改善。 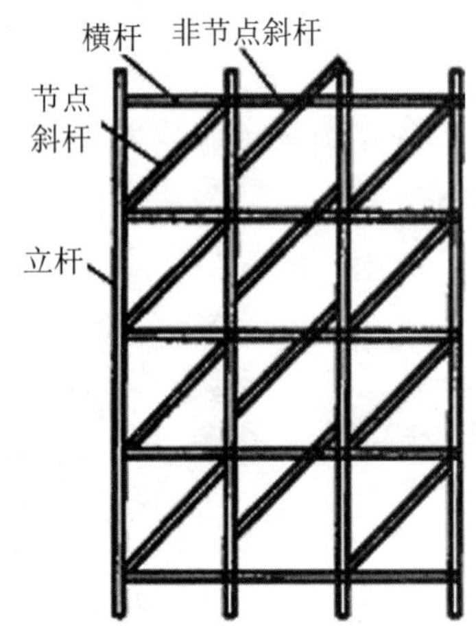 1）横向斜杆（廊道斜杆） 在脚手架横向框架内设置的斜杆称为横向斜杆。由于横向框架失稳是脚手架的主要破坏形式，所以，设置横向斜杆对于提高脚手架的稳定强度尤为重要。 对于一字形及开口形脚手架，应在两端横向框架内沿全高连续设置节点斜杆；高度 30m 以下的脚手架，中间可不设横向斜杆；30m 以上的脚手架，中间应每隔 5 ～ 6 跨设一道沿全高连续设置的横向斜杆；高层建筑脚手架和重载脚手架，除了按照上述构造要求设置横向斜杆外，荷载不小于 25kN 的横向平面框架应增设横向斜杆。 当用碗扣式斜杆设置横向斜杆时，在脚手架的两端框架可设置节点斜杆，如图（a）所示；中间框架只能设置成非节点斜杆，如图（b）所示。 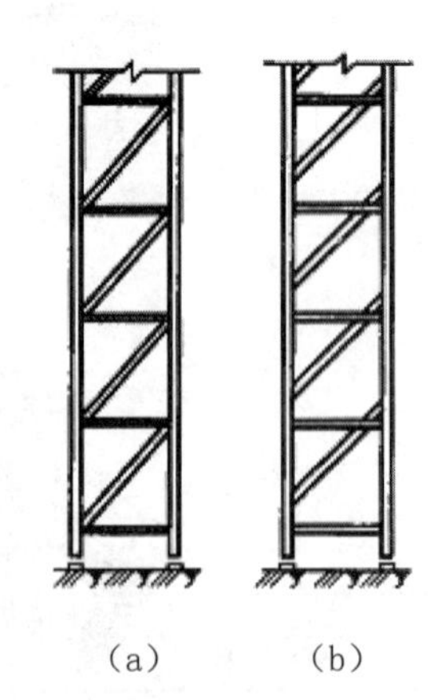 （a）　（b）

续表

<table>
<tr><th>项目</th><th>图示及说明</th></tr>
<tr><td>安装斜杆和剪刀撑</td><td>当设置高层卸荷拉结杆时，必须在拉结点以上第一层加设横向水平斜杆，防止水平框架变形。
2）纵向斜杆
在脚手架的拐角边缘及端部，必须设置纵向斜杆，中间部分则可均匀地间隔分布，纵向斜杆必须两侧对称布置。
竖向剪刀撑的设置应与纵向斜杆的设置相配合。高度在 30m 以下的脚手架，可以每隔 4 ～ 6 跨设一道沿全高连续的剪刀撑，每道剪刀撑跨越 5 ～ 7 根立杆，设剪刀撑的跨内可不再设碗扣式斜杆。30m 以上的高层建筑脚手架，应该沿脚手架外侧及全高方向连续布置剪刀撑，在两道剪刀撑之间设碗扣式纵向斜杆。
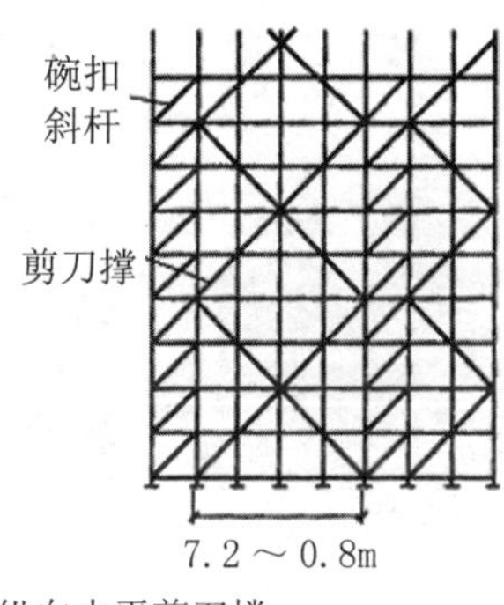

3）纵向水平剪刀撑
纵向水平剪刀撑可增强水平框架的整体性和均匀传递连墙撑的作用。30m 以上的高层建筑脚手架应每隔 5 ～ 13 步架设置一层连续、闭合的纵向水平剪刀撑。</td></tr>
<tr><td>设置连墙件（连墙撑）</td><td>连墙撑是脚手架与建筑物之间的连接件，除防止脚手架倾倒，承受偏心荷载和水平荷载作用外，还可加强稳定约束、提高脚手架的稳定承载能力。
1）砖墙缝固定法
砌筑砖墙时，预先在砖缝内埋入螺栓然后将脚手架框架用连接杆与其相连。
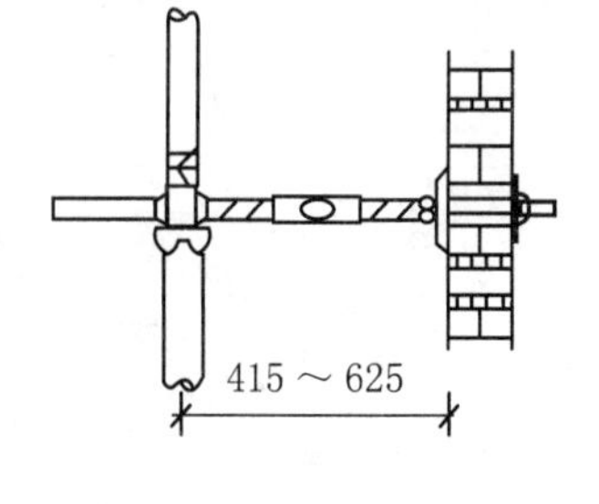
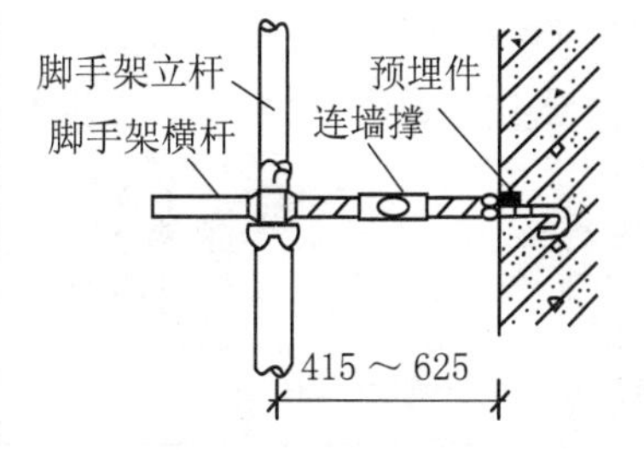
2）混凝土墙体固定法
按脚手架施工方案的要求，预先埋入钢件，外带接头螺栓，脚手架搭到此高度时，将脚手架框架与接头螺栓固定。</td></tr>
</table>

续表

项目	图示及说明
设置连墙件（连墙撑）	3）膨胀螺栓固定法 在结构物上，按设计位置用射枪射入膨胀螺栓，然后将框架与膨胀螺栓固定。 脚手架立杆 膨胀螺栓 脚手架横杆 连墙撑 415 ～ 625
脚手板安放	1）脚手板可以使用碗扣式脚手架配套设计的钢制脚手板，也可使用其他普通脚手板、木脚手板、竹脚手板等。 2）当脚手板采用碗扣式脚手架配套设计的钢脚手板时，脚手板两端的挂钩必须完全落入横杆上，才能牢固地挂在横杆上不允许浮动。 3）当脚手板使用普通的钢、木、竹脚手板时，横杆应配合间横杆一块使用，即在未处于构架横杆上的脚手板端设间横杆作支撑，脚手板的两端必须嵌入边角内，以减少前后窜动。 4）除在作业层及其下面一层要满铺脚手板外，还必须沿高度每 10m 设置一层，以防止高空坠物伤人和砸碰脚手架框架。当架设梯子时，在每一层架梯拐角处铺设脚手板作为休息平台。
接立杆	立杆的接长是靠焊于立杆顶部的连接管承插而成。立杆插好后，使上部立杆底端连接孔同下部立杆顶部连接孔对齐，插入立杆连接销锁定即可。安装横杆、斜杆和剪刀撑，重复以上操作并随时检查、调整脚手架的垂直度。 脚手架的垂直度一般可通过调整底部的可调底座、垫薄钢片、调整连墙件的长度等来达到。
斜道板和人行架梯安装	1）斜道板安装 作为行人或小车推行的栈道，一般规定在1.8m跨距的脚手架上使用，坡度为1:3，在斜道板框架两侧设置横杆和斜杆作为扶手和护栏，而在斜脚手板的挂钩点的A、B、C处（如下图所示），应增设横杆。 2）人行架梯安装 人行架梯设在1.8m×1.8m的框架内，上面有挂钩，可以直接挂在横杆上。架梯宽为540mm，一般在1.2m宽的脚手架内布置两个成折线形架设上升，在脚手架靠梯子一侧安装斜杆和横杆作为扶手。人行架梯转角处的水平框架上应当铺脚手板作为平台，立面框架上安装横杆作为扶手。

续表

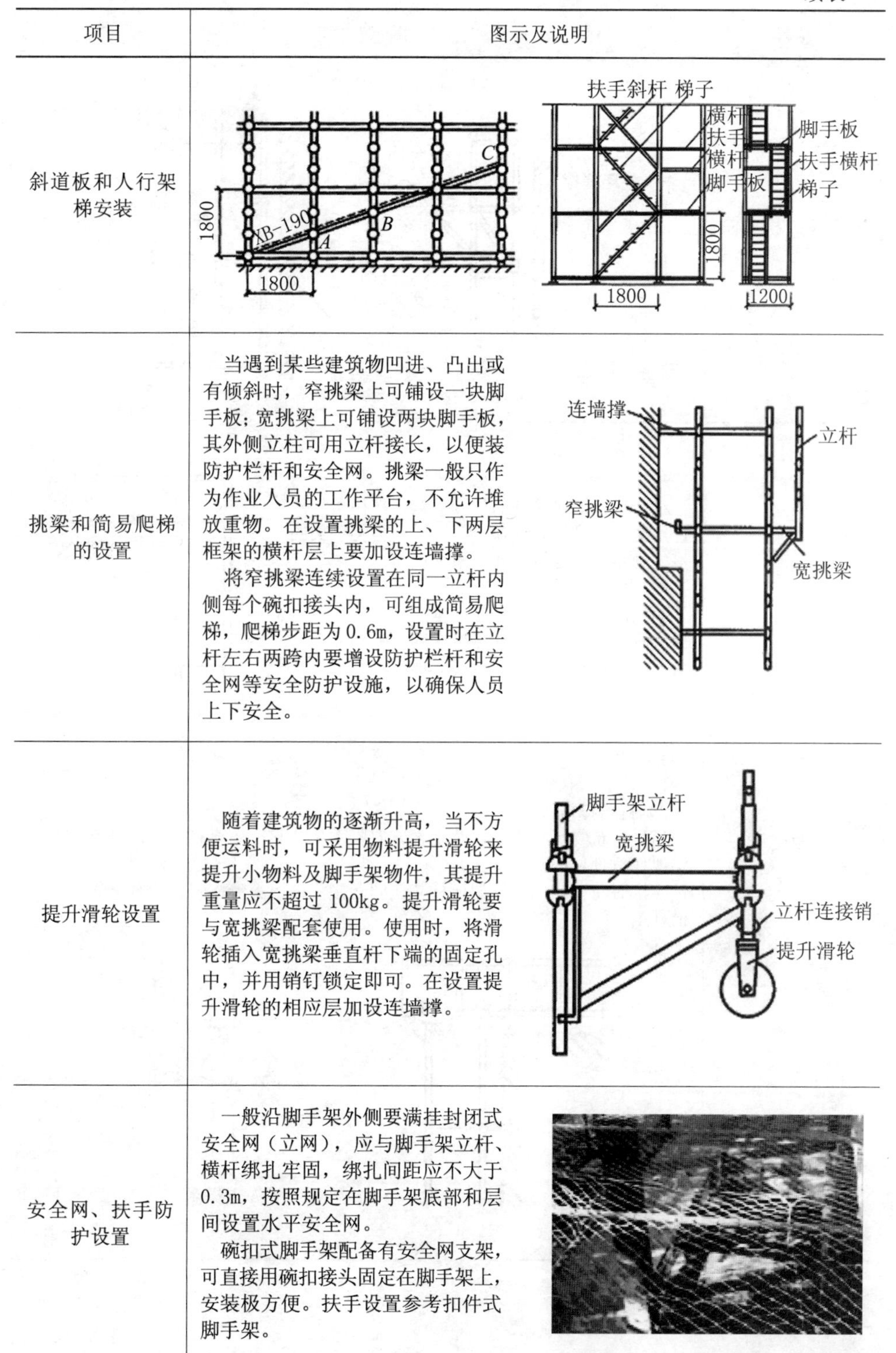

项目	图示及说明
斜道板和人行架梯安装	
挑梁和简易爬梯的设置	当遇到某些建筑物凹进、凸出或有倾斜时，窄挑梁上可铺设一块脚手板；宽挑梁上可铺设两块脚手板，其外侧立柱可用立杆接长，以便装防护栏杆和安全网。挑梁一般只作为作业人员的工作平台，不允许堆放重物。在设置挑梁的上、下两层框架的横杆层上要加设连墙撑。 将窄挑梁连续设置在同一立杆内侧每个碗扣接头内，可组成简易爬梯，爬梯步距为0.6m，设置时在立杆左右两跨内要增设防护栏杆和安全网等安全防护设施，以确保人员上下安全。
提升滑轮设置	随着建筑物的逐渐升高，当不方便运料时，可采用物料提升滑轮来提升小物料及脚手架物件，其提升重量应不超过100kg。提升滑轮要与宽挑梁配套使用。使用时，将滑轮插入宽挑梁垂直杆下端的固定孔中，并用销钉锁定即可。在设置提升滑轮的相应层加设连墙撑。
安全网、扶手防护设置	一般沿脚手架外侧要满挂封闭式安全网（立网），应与脚手架立杆、横杆绑扎牢固，绑扎间距应不大于0.3m，按照规定在脚手架底部和层间设置水平安全网。 碗扣式脚手架配备有安全网支架，可直接用碗扣接头固定在脚手架上，安装极方便。扶手设置参考扣件式脚手架。

续表

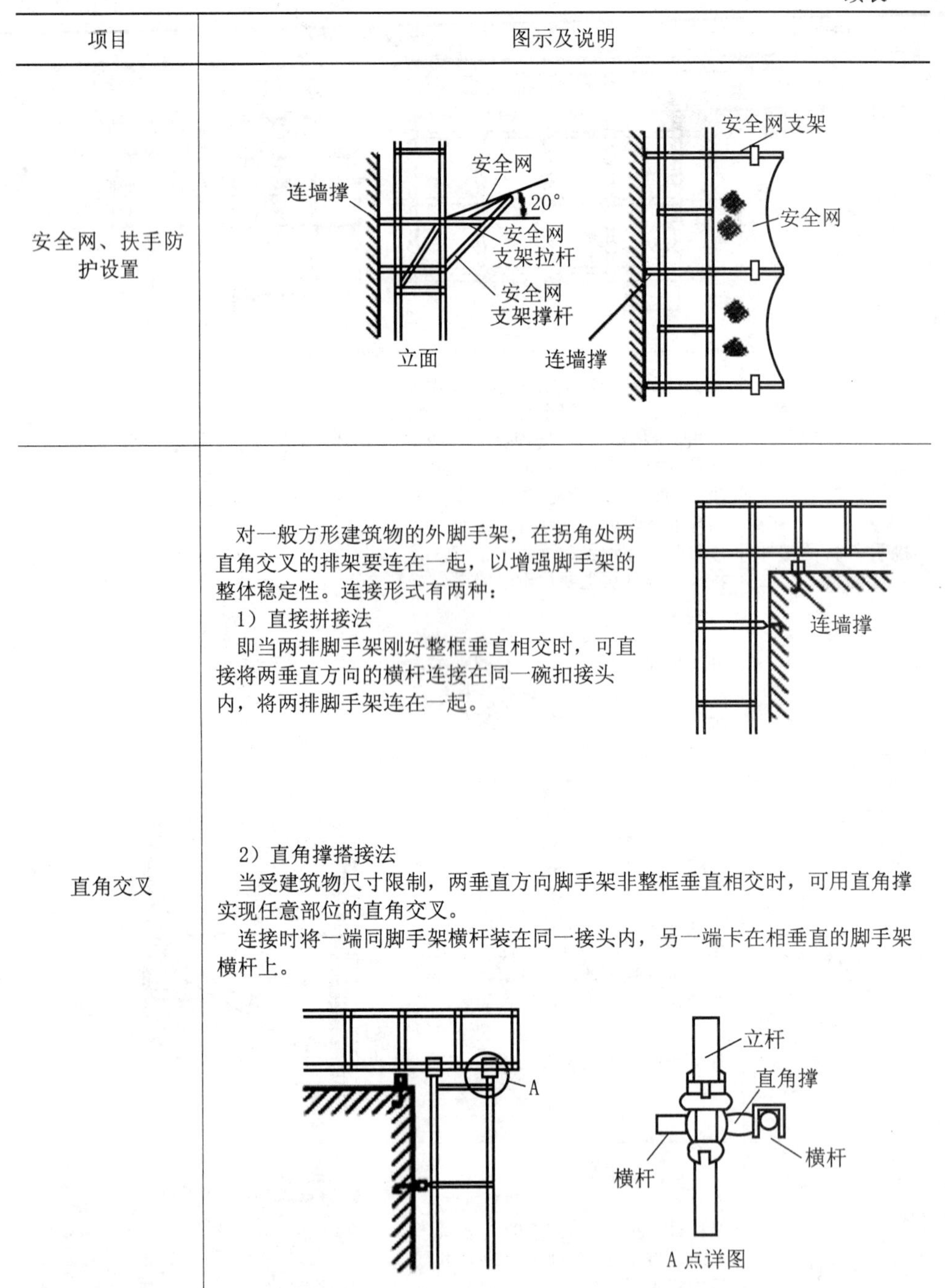

项目	图示及说明
安全网、扶手防护设置	
直角交叉	对一般方形建筑物的外脚手架，在拐角处两直角交叉的排架要连在一起，以增强脚手架的整体稳定性。连接形式有两种： 1）直接拼接法 即当两排脚手架刚好整框垂直相交时，可直接将两垂直方向的横杆连接在同一碗扣接头内，将两排脚手架连在一起。 2）直角撑搭接法 当受建筑物尺寸限制，两垂直方向脚手架非整框垂直相交时，可用直角撑实现任意部位的直角交叉。 连接时将一端同脚手架横杆装在同一接头内，另一端卡在相垂直的脚手架横杆上。

3. 落地碗扣式钢管脚手架搭设注意事项

1）脚手架组装宜以3～4人为一小组，其中1～2人递料，另外2人共同配合组装，每人负责一端。

2）在组装时，要求至多两层向同一方向，或由中间向两边推进，不得从两边向中间合拢组装，否则中间杆件会因两侧架子刚度太大而难以安装。

3）碗扣式脚手架的底层组架最为关键，其组装质量直接影响到整架的质量。当组装完两层横杆后，首先应检查并调整水平框架的直角度和纵向直线度。其次应检查横杆的水平度，并通过调整立杆可调底座使横杆间的水平偏差小于$L/400$，同时应逐个检查立杆底脚，并确保所有立杆不浮地松动。

4）底层架子符合搭设要求后，应检查所有碗扣接头，并锁紧。

5）在搭设、拆除或改变作业程序时，禁止人员进入危险区域。

6）连墙撑应随着脚手架的搭设而随时在设计位置设置，尽量与脚手架和建筑物外表面垂直。

7）单排横杆插入墙体后，应将夹板用榔头击紧，不得浮放。

8）脚手架的施工、使用应设专人负责，并设安全监督检查人员。

9）不得将脚手架构件等物从过高的地方抛掷，不得随意拆除已投入使用的脚手架构件。

10）在使用过程中，应定期对脚手架进行检查，严禁乱堆乱放，应及时清理各层堆积的杂物。

11）脚手架应随建筑物升高而随时设置，一般不应超出建筑物两步架；碗扣式钢管脚手架的搭设过程中为了保证安全，要不时地对脚手架进行检查。

4. 落地碗扣式钢管脚手架搭设检查、验收与使用管理

（1）检查时间

1）每搭设10m高度。

2）达到设计高度时。

3）当遇有6级及以上大风、大雨、大雪之后。

4）停工超过一个月，恢复使用前。

（2）检验主要内容

1）基础是否有不均匀沉降。

2）立杆垫座与基础面是否接触良好，有无松动或脱离现象。

3）检验全部节点的上碗扣是否锁紧。

4）连墙撑、斜杆和安全网等构件的设置是否达到设计要求。

5）荷载是否超过规定。

6）整架垂直度是否小于1/500L和100mm，横杆水平度是否小于1/400L，纵向直线度是否小于1/200L。

（3）使用管理

1）脚手架的施工和使用应设有专人负责，并设安全监督检查人员。

2）在使用过程中，应定期对脚手架进行检查，严禁乱堆乱放，应及时清理各层堆积的杂物。

3）不得随意拆除已投入使用的脚手架构件，不得将脚手架构件等物从过高的地方抛掷。

5. 落地碗扣式钢管脚手架拆除

1）脚手架在拆除前，由单位工程负责人对脚手架做全面检查，制定拆除方案，向拆除人员技术交底，清除所有多余物体，确认可以拆除后，方可实施拆除。

2）在拆除脚手架时，必须划出安全区，设警戒标志，设专人看管拆除现场。

3）脚手架拆除应从顶层开始，先拆水平杆，后拆立杆，逐层向下拆除，禁止上下层同时或阶梯形拆除。

4）连墙拉结件只能拆到该层时进行拆除，禁止在拆架前先拆连墙杆。

5）局部脚手架如果需要保留，应有专项技术措施，经上一级技术负责人批准，安全部门及使用单位验收，办理签字手续后方可使用。

6）拆除后的部件均应成捆，用吊具送下或人工搬下，禁止从高空往下抛掷。拆除到地面的构（配）件应及时进行清理、维护并分类堆放，以便运输和保管。

第三节 落地移动式钢管脚手架

落地移动式钢管脚手架配件种类多，用途广泛，可以用来搭设各种用途的施工作业架子，如活动工作台、安装工程工作台等。

1. 移动式脚手架主要配件

移动式脚手架配件包括移动式框架、交叉支撑、连接棒、脚手板、水平架、行走轮等（图3-14）。

图3-14 移动式脚手架主要配件

2. 移动式脚手架搭设顺序

安放底座→立门架并随即装交叉支撑→安装水平架（或脚手板）→安装钢梯（需要时，安装水平加固件）→装设连墙杆→逐层向上安装→按规定位置安装剪刀撑→安装顶部栏杆。

3. 移动式脚手架搭设要点

落地碗扣式钢管脚手架的搭设，详见表 3-4。

落地碗扣式钢管脚手架的搭设　　表 3-4

项目	图示及说明
安放底座和行走轮	脚手架的基底必须平整、坚实，确保地基有足够的承载能力，在脚手架的荷载作用下，不发生塌陷和显著的不均匀沉降，移动架底部还需要安装行走轮。  
安装交叉支撑、水平架、脚手板	不同规格的支架不得混用。同一脚手架工程，不配套的支架与配件也不得混合使用。另外两侧均应设置交叉支撑，其尺寸应与门架间距相匹配，并应与立杆上的锁销销牢固。在脚手架的顶层上部连墙件设置层、防护棚设置层必须连续设置水平架。  脚手架高度大于 45m 时，水平架必须两步一设；高度小于 45m 时，水平架应每步一设。 水平架可由挂扣式脚手板或门架两侧的水平加固杆代替。第一层支架顶面，应铺设一定数量的脚手板，以便在搭设第二层支架时，施工人员可站在脚手板上操作。

续表

项目	图示及说明
安装交叉支撑、水平架、脚手板	在脚手架的操作层上，应连续满铺与支架配套的挂扣式脚手板，并扣紧挡板，用扣件在脚手架立杆的外侧与立杆扣牢，剪刀撑斜杆与地面倾角宜为 45°～60°，宽度一般为 4～8m，自架底至顶连续设置。剪刀撑净距不大于 15m。

第四节 门式钢管脚手架

1. 落地门式钢管脚手架构造

（1）门架构造

1）门架跨距应符合《门式钢管脚手架》JG 13—1999 的规定，并与交叉支撑规格配合。

2）门架立杆离墙面净距不宜大于 150mm，大于 150mm 时应采取内挑架板或其他离口防护的安全措施。

（2）配件构造

门架的内外两侧均应设置交叉支撑并应与门架立杆上的锁销锁牢。上、下榀门架的组装必须设置连接棒及锁臂，连接棒直径应小于立杆内径 1～2mm。在脚手架的操作层上应连续满铺与门架配套的挂扣式脚手板，扣紧挡板，防止脚手板脱落和松动。水平架设置应符合下列规定：

1）在脚手架的顶层门架上部、连墙件设置层、防护棚设置处必须设置。

2）当脚手架搭设高度 $H \leqslant 45$m 时，沿脚手架高度水平架应至少两步一设；当脚手架搭设高度 $H > 45$m 时，水平架应每步一设；不论脚手架多高，均应在脚手架的转角处、端部及间断处的一个跨距范围内每步一设。

3）水平架在其设置层面内应连续设置。

4）水平架可由挂扣式脚手板或门架两侧设置的水平加固杆代替。

5）当因施工需要，临时局部拆除脚手架内侧交叉支撑时，应在拆除交叉支撑的门架上方及下方设置水平架。

底步门架的立杆下端应设置固定底座或可调底座。

（3）加固杆构造

1）水平加固杆

①脚手架高度超过 20m 时，应在脚手架外侧连续设置。

②剪刀撑应采用扣件与门架立杆扣紧。

③剪刀撑斜杆与地面的倾角宜为 45°～60°，剪刀撑宽度宜为 4～8m。

④剪刀撑斜杆若采用搭接接长，搭接长度不宜小于 600mm，搭接处应采用两个扣件扣紧。

2）水平加固杆设置

①当脚手架高度超过 20m 时，应在脚手架外侧每隔 4 步设置一道，宜在有连墙件的水平层设置。

②在脚手架的底步门架下端应加封口杆，门架的内、外两侧应设通长扫地杆。

③设置纵向水平加固杆应连续，形成水平闭合圈。

④水平加固杆应采用扣件与门架立杆扣牢。

（4）转角处门架连接构造

1）在建筑物转角处的脚手架内、外两侧应按步设置水平连接杆，将转角处的两门架连成一体，如图 3-15 所示。

2）水平连接杆应采用扣件与门架立杆及水平加固杆扣紧。

3）水平连接杆应采用钢管，其规格应与水平加固杆相同。

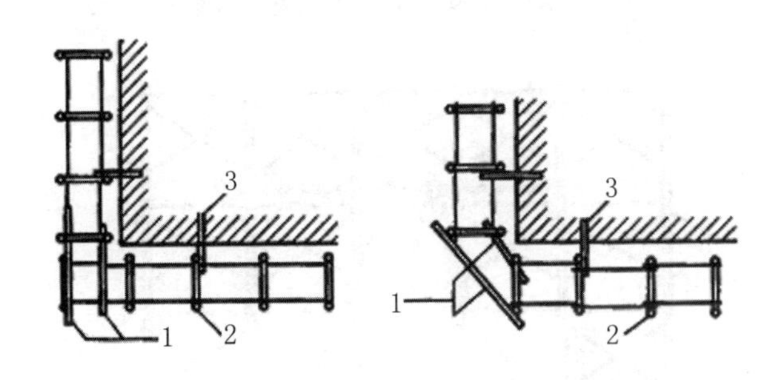

图 3-15 转角处脚手架连接

1 一连接钢管；2 一门架；3 一连墙件

（5）连墙件构造

脚手架必须采用连墙件与建筑物做到可靠连接。连墙件的设置除应满足强度、稳定性等计算要求外，尚应满足表 3-5 的要求。在脚手架的转角处，不闭合（一字形、槽形）脚手架的两端应增设连墙件，其竖向间距不应大于 4.0m。在脚手架外侧因设置防护棚或安全网而承受偏心荷载的部位，应增设连墙件，其水平间距不应大于 4.0m。连墙件应能承受拉力与压力，其承载力标准值不应小于 10kN；连墙件与门架、建筑物的连接也应具有相应的连接强度。

连墙件间距 **表 3-5**

脚手架搭设高度（m）	基本风压 w_0（kN/m^2）	连墙件的间距（m）	
		竖向	水平向
≤45	≤0.55	≤6.0	≤8.0
	＞0.55	≤4.0	≤6.0
＞45	—		

（6）通道洞口构造

1）通道洞口高不宜大于两个门架高度，宽不宜大于门架跨距。

2）通道洞口应按以下要求采取加固措施：

①当洞口宽度为一个跨距时，应在脚手架洞口上方的内外侧设置水平加固杆，在洞口两个上角加斜撑杆，如图 3-16 所示。

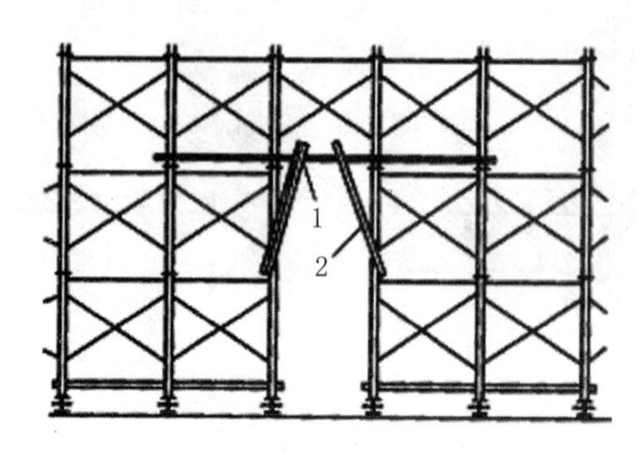

图 3-16　通道洞口加固示意

1—水平加固杆；2—斜撑杆

②当洞口宽为两个及两个以上跨距时，应在洞口上方设置经专门设计和制作的托架，并加强洞口两侧的门架立杆。

(7) 斜梯构造

1）作业人员上下脚手架的斜梯应采用挂扣式钢梯，并宜采用“之”字形式，一个梯段宜跨越两步或三步。

2）钢梯规格应与门架规格配套，应与门架挂扣牢固。

3）钢梯应设栏杆扶手。

2. 门式钢管脚手架的搭设

(1) 施工准备

1）脚手架搭设前，工程技术负责人应根据规程和施工组织设计要求向搭设人员做技术和安全作业要求的交底。

2）对门架、配件、加固件应按照规范要求进行检查、验收；不合格的门架、配件禁止使用。

3）应清理、平整脚手架的搭设场地，并做好排水。

（2）基础处理

应保证地基具有足够的承载力，在脚手架荷载作用下不发生塌陷及显著的不均匀沉降。当采用可调底座时，其地基处理及加设垫板（木）的要求相同于扣件式钢管脚手架。当不采用可调底座时，必须采取下列三项措施，以保证脚手架的构造和使用要求：

1）基底必须严格夯实抄平。若基底处于较深的填土层之上或者架高超过40m，则应加做厚度不小于400mm的灰土层或者厚度不小于200mm的钢筋混凝土基础梁（沿纵向），其上再加设垫板或垫木。

2）要严格控制第一步门架顶面的标高，其水平误差不得大于5mm（当超出时，应塞垫铁板予以调整）。

3）在脚手架的下部加设通长的大横杆（ϕ48mm脚手管，用异径扣件同门架连接），并不少于3步，且内外侧均需设置，如图3-17所示。

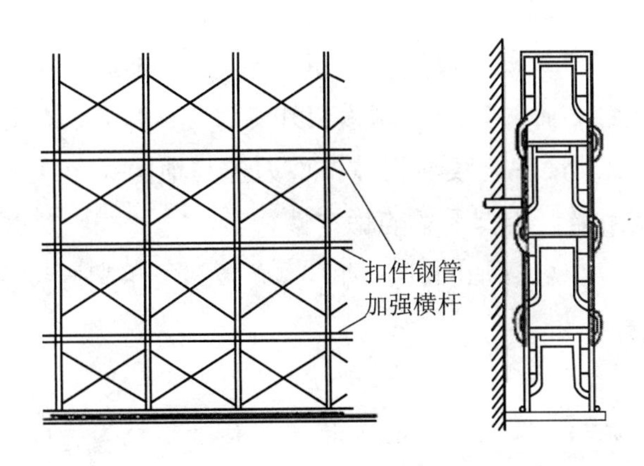

图3-17 防止不均匀沉降的整体加固做法

（3）搭设程序

铺放垫木（板）→拉线、放底座→自一端起立门架并随即装交叉支撑→装水平架（或脚手板）→装梯子→（需要时，装设作用加强用的大横杆）→

装设连墙杆→（照上述步骤，逐层向上安装）→装加强整体刚度的长剪力撑→装设顶部栏。

上、下榀门架的组装必须设置连接棒及锁臂，其他部件（如栈桥梁等）则按照其所处部位相应装上。

（4）门式钢管外脚手架搭设

1）搭设门架及配件

①交叉支撑、水平架、脚手板、连接棒和锁臂的设置应符合以下要求：

a．安装门架时，上下榀门架的组装必须设置连接棒及锁臂，连接棒直径应小于立杆内径的 1 ～ 2mm，竖杆之间要对齐，对中偏差不应大于 3mm，并相应调整门架的垂直度和水平度。水平架在脚手架的顶层门架上部、连墙件设置层、防护棚设置处必须设置。

b．门架与门架之间的交叉支撑和水平梁架或脚手板应紧随门架的安装及时设置，连接门架与配件的锁臂、搭钩必须处于锁住状态。如作业需要拆除里侧交叉支撑时，必须事先提出申请，并制订加固方案，经技术负责人批准后方可实施，否则严禁拆除。

c．脚手架底部内外侧要设通长的扫地杆、封口杆。

d．脚手架超过 20m 时，应在脚手架外侧每隔 4 步设置一道连续闭合的纵向水平加固杆，以及设置连续剪刀撑，剪刀撑与地面夹角 45° ～ 60° ，宽度宜为 4 ～ 8m，以加强整个脚手架的稳定性。

e．扫地杆、封口杆、加固杆、剪刀撑必须与脚手架同步搭设，并应用扣件钢管与门架立杆扣紧。

②不配套的门架与配件不得混合使用于同一脚手架。

③门架安装应自一端向另一端延伸,并逐层改变搭设方向,不得相对进行。搭完一步架后，应检查并调整其水平度与垂直度。

④交叉支撑、水平架或脚手板应紧随门架的安装及时设置。

⑤连接门架与配件的锁臂、搭钩必须处于锁住状态。

⑥水平架或脚手板应在同一步内连续设置，脚手板满铺。

⑦底层钢梯的底部应加设钢管并用扣件扣紧在门架的立杆上，钢梯的两侧均应设置扶手，每段梯可跨越两步或三步门架再行转折。

⑧栏板（杆）、挡脚板应设置在脚手架操作层外侧、门架立杆的内侧。

2）门式架的垂直度和水平度控制

安装时应严格控制首层门式架的垂直度和水平度，一定要使门架竖杆在两个方向的垂直偏差均在2mm以内，顶部水平偏差控制在5mm以内。脚手架的垂直度（表现为门架竖管轴线的偏移）和水平度（架平面方向和水平方向）对于确保脚手架的承载性能至关重要（特别是对于高层脚手架），其注意事项为：

①严格控制首层门型架的垂直度和水平度。在装上以后要逐片地、仔细地调整好，使门架竖杆在两个方向的垂直偏差都控制在2mm以内，门架顶部的水平偏差控制在5mm以内。随后在门架的顶部和底部用大横杆和扫地杆加以固定。

②接门架时上下门架竖杆之间要对齐，对中的偏差不宜大于3mm。同时注意调整门架的垂直度和水平度。

③及时装设连墙杆，以避免在架子横向发生偏斜。

3）加固杆、剪刀撑等加固件的搭设

①加固杆、剪刀撑必须与脚手架同步搭设。

②水平加固杆应设于门架立杆内侧，剪刀撑应设于门架立杆外侧并连牢。

4）连墙件的搭设

①连墙件的搭设必须随脚手架搭设同步进行，严禁滞后设置或搭设完毕后补做。

②当脚手架操作层高出相邻连墙件以上两步时，应采用确保脚手架稳定的临时拉结措施，直到连墙件搭设完毕后方可拆除。

③连墙件宜垂直于墙面，不得向上倾斜，连墙件埋入墙身的部分必须锚固可靠。

④连墙件应连于上、下两榀门架的接头附近。

5）加固件、连墙件等与门架采用扣件连接

①扣件规格应与所连钢管外径相匹配。

②扣件螺栓拧紧扭力矩宜为50～60N•m，并不得小于40N•m。

③各杆件端头伸出扣件盖板边缘长度不应小于100mm。

6）确保脚手架的整体刚度

①门架之间必须满设交叉支撑。当架高≤45m时，水平架应至少两步设一道；当架高>45m时，水平架必须每步设置（水平架可用挂扣式脚手板和水平加固杆替代），其间连接应可靠。

②因进行作业需要临时拆除脚手架内侧交叉拉杆时，应先在该层里侧上部加设大横杆，以后再拆除交叉拉杆。作业完毕后应立即将交叉拉杆重新装上，并将大横杆移到下一或上一作业层上。

③整片脚手架必须适量设置水平加固杆（即大横杆），前三层宜隔层设置，三层以上则每隔 3 ～ 5 层设置一道。

④在架子外侧面设置长剪刀撑（ϕ48mm 脚手钢管，长 6 ～ 8m），其高度和宽度为 3 ～ 4 个步距（或架距），与地面夹角为 45° ～ 60°，相邻长剪刀撑之间相隔 3 ～ 5 个架距。

⑤使用连墙管或连墙器将脚手架和建筑结构紧密连接，连墙点的最大间距，在垂直方向为 6m，在水平方向为 5m。一般情况下，在垂直方向每隔 3 个步距和在水平方向每隔 4 个架距设一点，高层脚手架应增加布设密度，低层脚手架可适当减少布设密度，连墙点间距规定见表 3-5。

连墙点应与水平加固杆同步设置。连墙点的一般做法如图 3-18 所示。

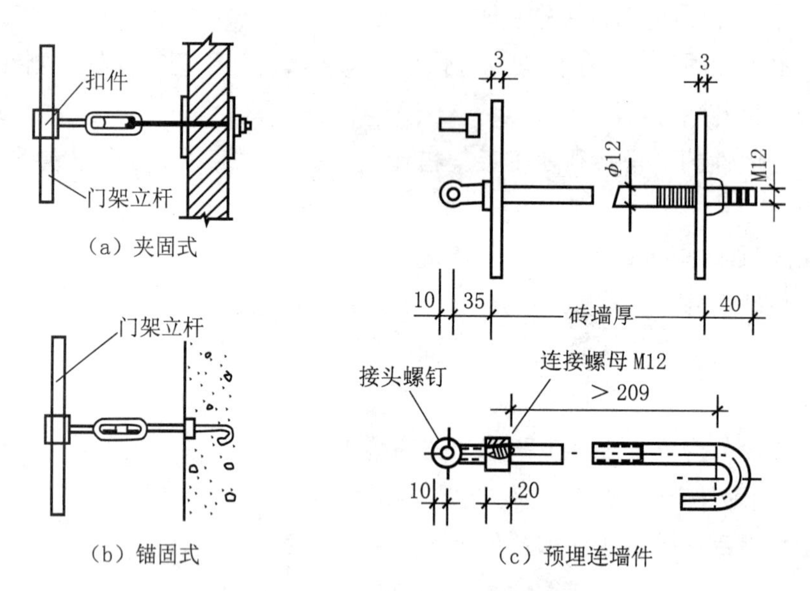

图 3-18　连墙点的一般做法

⑥做好脚手架的转角处理。脚手架在转角之处必须做好连接和与墙拉结，以确保脚手架的整体性，处理方法为：

a. 利用回转扣直接把两片门架的竖管扣结起来；

b. 利用钢管（ϕ48mm 或 ϕ43mm 均可）和扣件把处于角部两边的门架连接起来，连接杆可沿边长方向或斜向（如图 3-19）设置。

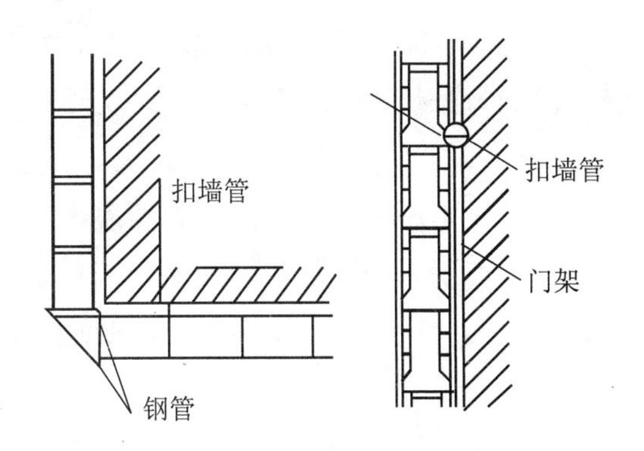

图 3-19　框组式脚手架的转角连接

另外，在转角处适当增加连墙点的布设密度。

7）高层脚手架的构造措施

当脚手架的搭设高度超过 45m 时，可分别采取以下构造措施：

①架高 20 ～ 30m 内采用强力级梯架。因每片强力级梯架的承载能力为 88kN，安全系数为 3，使用它可显著加强脚手架下部的整体刚度和承载能力。

②采用分段搭设或部分卸载措施（可参考扣件式钢管脚手架的做法），同时需在挑梁所在层及其上两层加设通长的大横杆。

8）安全围护与防电、避雷措施

①外脚手架的外表面应满挂安全网（或使用长条塑料编制篷布），并与门架竖杆和剪刀撑结牢，每 5 层门架加设一道水平安全网。

②顶层门架之上应设置栏杆。

③防电措施主要包括：

a．钢管脚手架在架设的使用期间要严防与带电体接触，否则应在架设和使用期间断电或拆除电源，如不能拆除，应采取可靠的绝缘措施。

b．钢管脚手架应做接地处理，每隔 25m 左右设一接地极，接地极入土深度为 2 ～ 2.5m。

c．夜间施工照明线通过钢管时，电线应与钢管隔离，有条件时应使用低压照明。

④避雷措施主要包括：

a．避雷针：设在架体四角的钢管脚手架立杆上，高度不小于 1m，可采用直径为 25 ～ 32mm，壁厚不小于 3mm 的镀锌钢管。

b．接地极：按脚手架连续长度不超过 50m 设置一处埋入地下最高点应在地面以下不浅于 50cm，埋接地极时，应将新填土夯实，接地极不得埋在干燥土层中。垂直接地极可用长度为 1.5 ~ 2.5m，直径为 25 ~ 50mm 的钢管，壁厚不小于 2.5mm。

c. 接地线：优先采用直径 8mm 以上的圆钢或厚度不小于 4mm 的扁钢，接地线之间采用搭接焊或螺栓连接，搭接长度≥ 5d，应保证接触可靠。接地线与接地极的连接宜采用焊接，焊接点长度应为接地线直径的 6 倍或扁钢宽度的 2 倍以上。

d. 接地线装置宜布置在人们不易走到的地方，同时应注意与其他金属物体或电缆之间保持一定的距离。

e. 接地装置安设完毕后应及时用电阻表测定是否符合要求。

f. 雷雨天气，钢管脚手架上的操作人员应立即离开。

(5) 验收

1）脚手架搭设完毕或分段搭设完毕之后，应对脚手架工程的质量进行检查，经检查合格之后方可交付使用。

2）脚手架高度在 20m 及 20m 以下的，应由单位工程负责组织技术安全人员进行检查验收。若高度大于 20m 的脚手架，则应由上一级技术负责人随工程进行分段组织工程负责人及相关的技术人员进行检查验收。

3）验收时应具备以下文件：

①根据要求所形成的施工组织设计文件。

②脚手架构配件的出厂合格证或者质量分类合格标志。

③脚手架工程的施工记录以及质量检查记录。

④脚手架搭设过程中出现的重要问题及其处理记录。

⑤脚手架工程的施工验收报告。

4）脚手架工程验收，除查验收有关文件之外，还应进行现场检查，应着重检查下列各项，并记入施工验收报告。

①构配件和加固件质量是否合格，是否齐全，连接及挂扣是否紧固可靠。

②安全网的张挂及扶手的设置齐全与否。

③基础是否平整坚实、支垫是否符合规定要求。

④连墙件的数量、位置和设置是否满足要求。

⑤垂直度及水平度是否合格。

5）脚手架搭设的垂直度及水平度允许偏差应符合表 3-6 的要求。

脚手架设垂直度与水平度允许偏差 **表 3-6**

项目		允许偏差（mm）
垂直度	每步架	$h/1000$ 及 ±2.0
	脚手架整体	$H/600$ 及 ±50
水平度	跨距内水平架两端高差	$l/600$ 及 ±3.5
	脚手架整体	$L/600$ 及 ±50

注：h—步距；H—脚手架高度；l—跨距；L—脚手架长度。

3. 门式钢管脚手架的拆除

1）脚手架经单位工程负责人检查验证并且确认工程不再需要时，方可拆除。

2）拆除脚手架前，应将脚手架上的材料、工具和杂物清除掉。

3）拆除脚手架时，应设置警戒区及警戒标志，并由专职人员负责警戒。

4）脚手架的拆除应在统一指挥下，按照后装先拆、先装后拆的顺序及以下安全作业的要求进行，注意事项如下：

①脚手架的拆除应从一端走向另一端、自上而下顺序逐层地进行。

②同一层的构配件及加固件应按照先上后下，先外后里的顺序进行，最后拆除连墙件。

③在拆除过程中，脚手架的自由悬臂高度不得超过两步，若必须超过两步，则应加设临时拉结。

④连墙杆、通长水平杆以及剪刀撑等，必须在脚手架拆卸到相关的门架时方可拆除。

⑤工人必须站在临时设置的脚手板上进行拆卸作业，并根据规定使用安全防护用品。

⑥拆除工作中，禁止使用榔头等硬物击打、撬挖，拆下的连接棒应放入袋内，锁臂应先传递至地面并放室内堆存。

⑦拆卸连接部件时，应先把锁座上的锁板与卡钩上的锁片旋转至开启位置，然后再开始拆除，不得硬拉，严禁敲击。

⑧拆下的门架、钢管与配件，应成捆用机械吊运或由井架传送至地面，以免碰撞，严禁抛掷。

第四章 不落地式脚手架的搭拆

第一节 悬挑式外脚手架

1. 悬挑式外脚手架的类型与构造

悬挑脚手架是根据悬挑支撑结构的不同，分为支撑杆式悬挑脚手架和挑梁式悬挑脚手架两类，详见表 4-1。

悬挑式外脚手架的类型与构造　　表 4-1

类型		图示及说明
支撑杆式悬挑脚手架	支撑杆式双排脚手架	斜撑杆一般采用双钢管，水平横杆加长后一段与预埋在建筑物结构中的铁环焊牢，这样脚手架的荷载通过斜杆和水平横杆传递到建筑物上。 如右图所示支撑杆式悬挑脚手架，其支撑结构为内、外两排立杆上加设斜撑杆。 水平横杆　大横杆　十字扣件　双斜杆　节点Ⅰ　节点Ⅱ　旋转扣件　柱　外墙板 1—水平横杆；2—双斜撑杆；3—加强短杆；4—预埋铁环

续表

类型		图示及说明
支撑杆式悬挑脚手架	支撑杆式双排脚手架	右图所示悬挑脚手架的支承结构是采用下撑上拉方法，在脚手架的内、外两排立杆上分别加设斜撑杆。 斜撑杆的下端支在建筑结构的梁或楼板上，内排立杆的斜撑杆的支点比外排立杆斜撑杆的支点高一层楼。斜撑杆上端用双扣件与脚手架的立杆连接。此外，除了斜撑杆，还设置了拉杆，以增强脚手架自身的承载力。支撑杆式悬挑脚手架搭设高度一般在 4 层楼高，12m 左右。 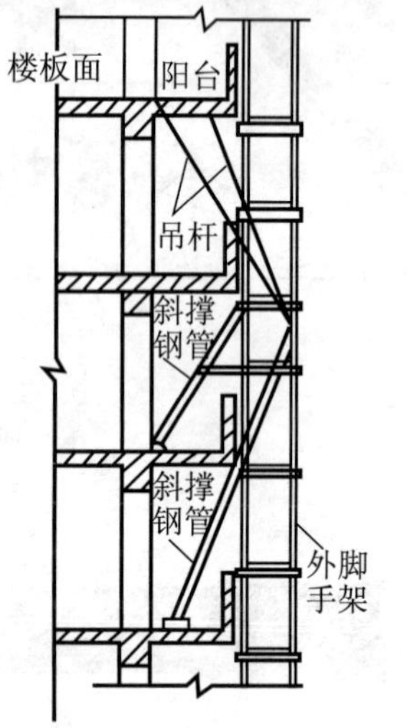
	支撑杆式单排悬挑脚手架	右图所示支撑杆式单排悬挑脚手架，其支撑结构为从窗门挑出横杆，斜撑杆支撑在下一层的窗台上。若无窗台，可在窗台上留洞或预埋支托铁件，以支撑斜撑杆。 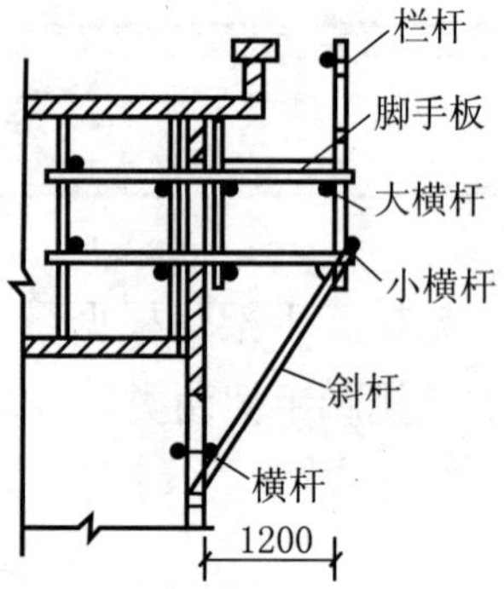 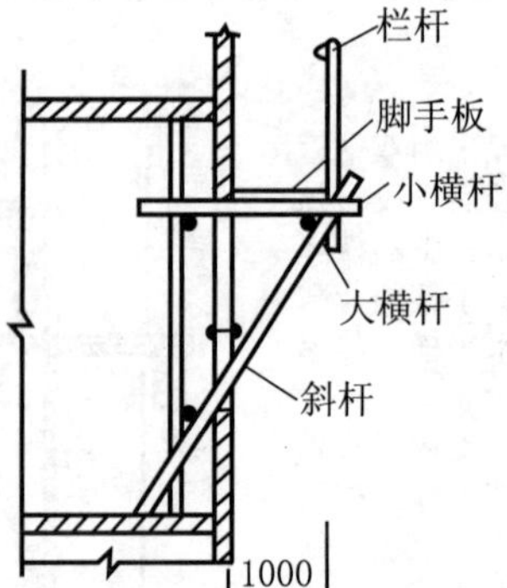 左图所示支撑杆式单排悬挑脚手架支撑结构是从同一窗口挑出横杆和伸出斜撑杆，斜撑杆的一端支撑在楼面上。

续表

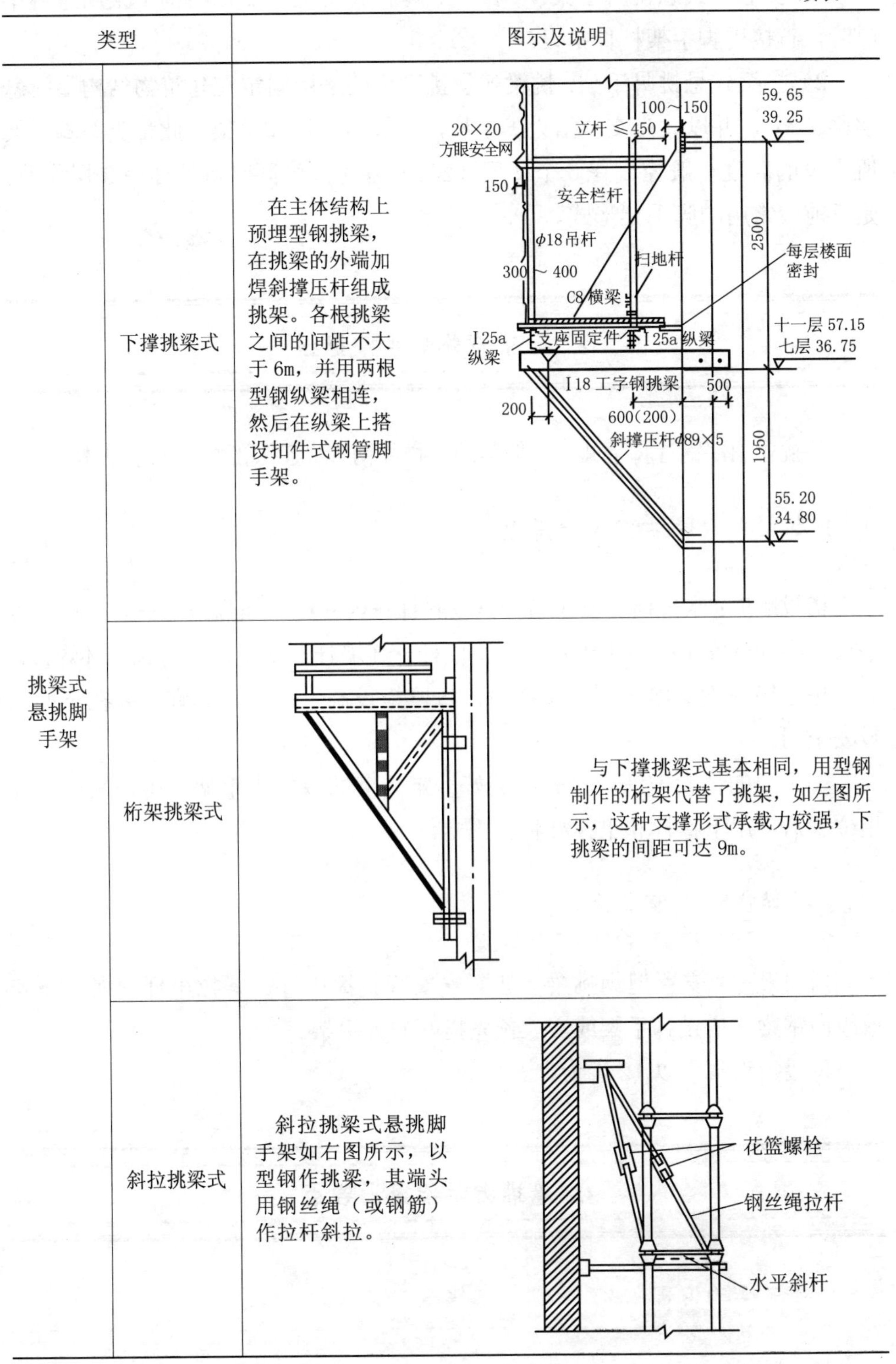

类型		图示及说明
挑梁式悬挑脚手架	下撑挑梁式	在主体结构上预埋型钢挑梁，在挑梁的外端加焊斜撑压杆组成挑架。各根挑梁之间的间距不大于 6m，并用两根型钢纵梁相连，然后在纵梁上搭设扣件式钢管脚手架。
	桁架挑梁式	与下撑挑梁式基本相同，用型钢制作的桁架代替了挑架，如左图所示，这种支撑形式承载力较强，下挑梁的间距可达 9m。
	斜拉挑梁式	斜拉挑梁式悬挑脚手架如右图所示，以型钢作挑梁，其端头用钢丝绳（或钢筋）作拉杆斜拉。

1）支撑杆式悬挑脚手架：支撑杆式悬挑脚手架的支撑结构不采用悬挑梁（架），直接用脚手架杆件搭设。

2）挑梁式悬挑脚手架：挑梁式悬挑脚手架采用固定在建筑物结构上的悬挑梁（架），并以此为支座搭设脚手架，一般为双排脚手架。此种类型脚手架所搭设的高度一般控制在6个楼层（20m）以内，可同时进行2～3层作业，是目前较常用的脚手架形式。

2. 悬挑式外脚手架搭设

外挑式扣件钢管脚手架与一般落地式扣件钢管脚手架的搭设要求基本相同。

（1）支撑杆式悬挑脚手架搭设

搭设顺序：水平横杆→大横杆→双斜杆→内立杆→加强短杆→外立杆→脚手板→栏杆→安全网→上一步架的小横杆→连墙杆→水平横杆与预埋环焊接。

按上述搭设顺序一层一层搭设，每段搭设高度以6步为宜，并在下面支设安全网。

脚手架的搭设方法是预先拼装好一定高度的双排脚手架，用塔吊吊至使用位置后，用下撑杆和上撑杆将其固定。

（2）挑梁式脚手架搭设

搭设顺序：安置型钢挑梁（架）→安置斜撑压杆、斜拉吊杆（绳）→安放纵向钢梁→搭设脚手架或安放预先搭好的脚手架。

每段搭设高度以12步为宜。

3. 悬挑脚手架搭设要点

（1）连墙杆的设置

根据建筑物的轴线尺寸，在水平方向每隔3跨（隔6m）设置一个，在垂直方向应每隔 3 ～ 4m 设置一个，并要求各点相互错开，形成梅花状布置。

（2）连墙杆的做法

在钢筋混凝土结构中预埋铁件，然后用 100mm×63mm×10mm 的角钢，一端与预埋件焊接，另一端与连接短管用螺栓连接，如图 4-1 所示。

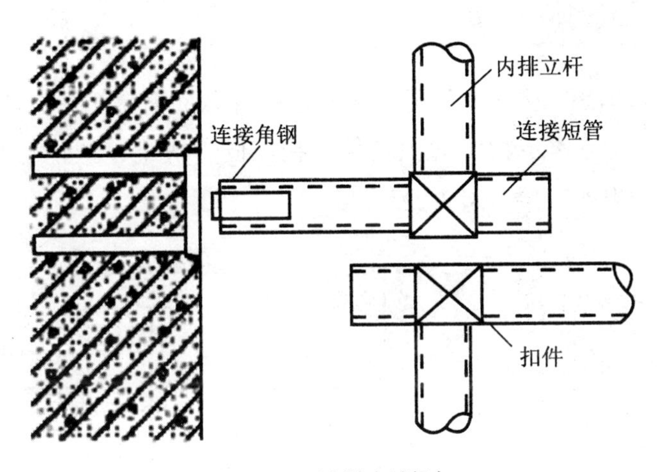

图 4-1 连墙杆做法

（3）垂直控制

在搭设时，要严格控制分段脚手架的垂直度，垂直度偏差第一段不得超过 1/400，第二段、第三段不得超过 1/200。脚手架的垂直度应当随搭设随检查，发现超过允许偏差时，应及时纠正。

（4）脚手板铺设

脚手架的底层应铺满厚木脚手板，其上各层可铺满薄钢板冲压成的穿孔轻型脚手板。

（5）安全防护措施

脚手架中各层均应设置护栏、踢脚板和扶梯。脚手架外侧和单个架子底面用小眼安全网封闭，架子与建筑物要保持必要的通道。

(6)挑梁式悬挑脚手架立杆与挑梁(或纵梁)的连接

应在挑梁(或纵梁)上焊 150 ～ 200mm 长钢管，其外径比脚手架立杆内径小 1.0 ～ 1.5mm，用接长扣件连接，同时在立杆下部设 1 ～ 2 道扫地杆，以确保架子的稳定。

(7)悬挑梁与墙体结构的连接

应预先预埋铁件或留好孔洞，保证连接可靠，不得随便打凿孔洞，破坏墙体。各支点要与建筑物中的预埋件连接牢固。挑梁、拉杆与结构的连接，可参照图 4-2 和图 4-3 所示的方法。

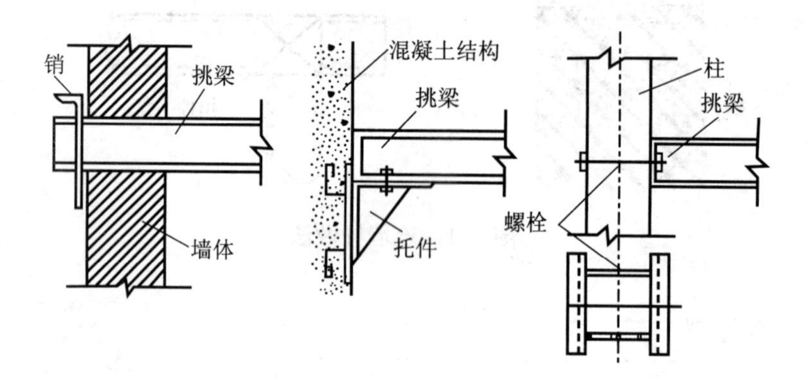

(a)挑梁抗拉节点构造

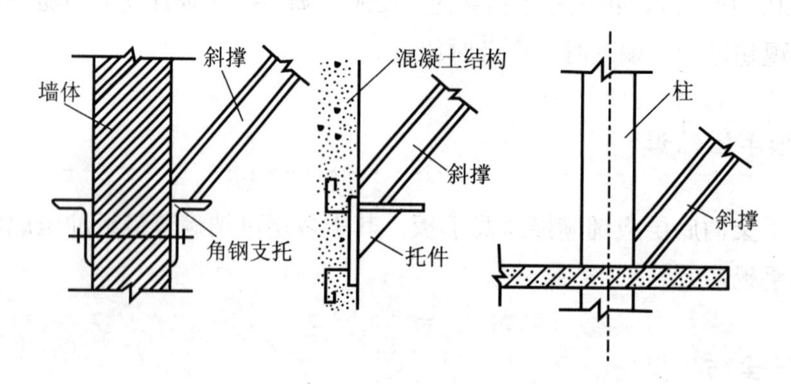

(b)斜撑杆底部支点构造

图 4-2 下撑式挑梁与结构的连接

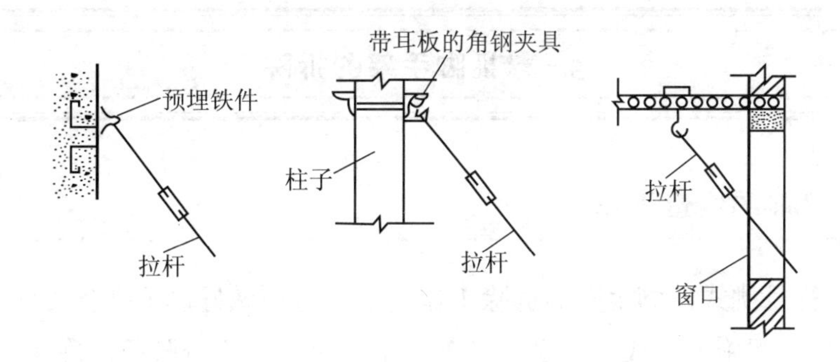

（a）斜拉杆与结构连接方式

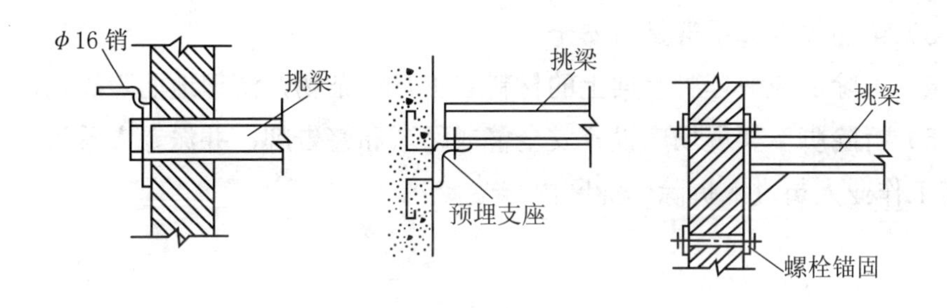

（b）悬挑梁的连接方式

图 4-3　斜拉式挑梁与结构的连接

（8）斜拉杆（绳）

斜拉杆（绳）应装有收紧装置，以使拉杆收紧后能承担荷载。

4. 悬挑式外脚手架检查、验收与使用安全管理

脚手架分段或分部位搭设完，必须按相应的钢管脚手架安全技术规范要求进行检查、验收，经检查验收合格后，方可继续进行搭设和使用，在使用中应严格执行有关安全规程。

脚手架在使用过程中要加强检查，及时清除架子上的垃圾和剩余料，注意控制使用荷载，禁止在架子上过多集中堆放材料。

5. 悬挑脚手架的拆除

(1) 拆除前的准备工作

在进行悬挑式外脚手架的拆除工作之前，必须做好以下准备工作：

1）当工程施工完成后，必须经单位工程负责人检查验证，确认不再需要脚手架后，方可拆除。

2）拆除脚手架应制定拆除方案，并向操作人员进行技术交底。

3）全面检查脚手架是否安全。

4）拆除前应清理脚手架上的材料、工具和杂物，清理地面障碍物。

5）拆除脚手架现场应设置安全警戒区域和警告牌，并派专人看管，严禁非施工作业人员进入拆除作业区内。

(2) 拆除顺序

悬挑脚手架的拆除顺序与搭设相反，不允许先行拆除拉杆。应先拆除架体，再拆除悬挑支承架。拆除架体可采用人工逐层拆除，也可采用塔吊分段拆除。

(3) 整修、保养和保管

拆下的脚手架材料及构配件，应及时检验、分类、整修和保养，并按品种、规格分类堆放，以便运输、保管。

第二节 吊篮脚手架

1. 吊篮式脚手架的分类与构造

吊篮式脚手架分为手动吊篮式脚手架和电动吊篮式脚手架两类。

（1）手动吊篮脚手架

手动吊篮脚手架由支承设施、安全绳、吊篮绳、手扳葫芦和吊架（吊篮）组成，如图 4-4 所示，利用手扳葫芦进行升降。

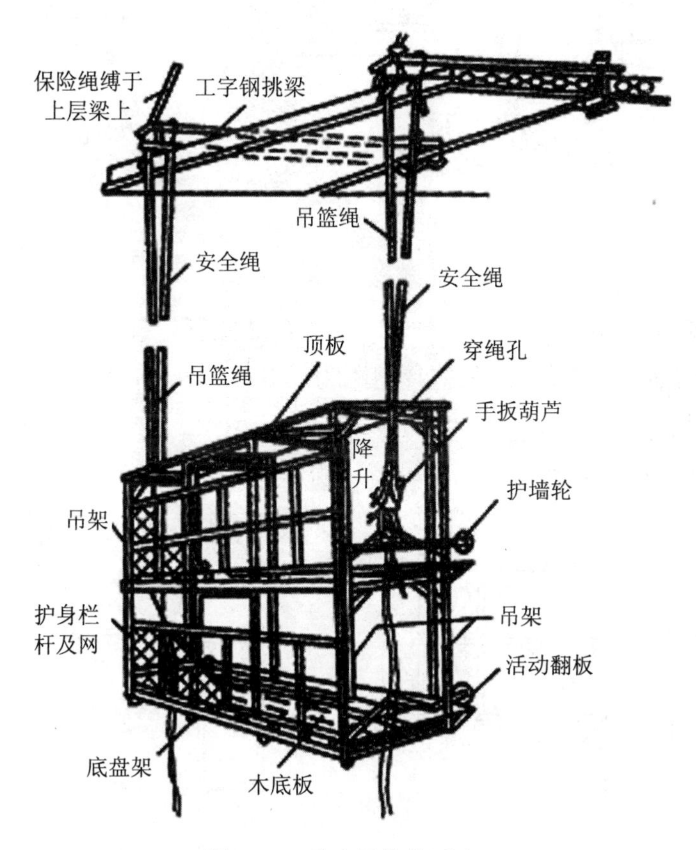

图 4-4　手动吊篮脚手架

1）支承设施

一般采用建筑物顶部的悬挑梁或桁架，必须按设计规定与建筑结构固定牢靠，挑出的长度应保证吊篮绳垂直于地面，如图 4-5（a）所示。如挑出过长，应在其下面加斜撑，如图 4-5（b）所示。

吊篮绳可采用钢丝绳或钢筋链杆。钢筋链杆的直径不得小于 16mm，每节链杆长 800mm，第 5 ～ 10 根链杆相互连成一级，使用时用卡环将各组连接成所需的长度。

安全绳应采用直径不小于 13mm 的钢丝绳。

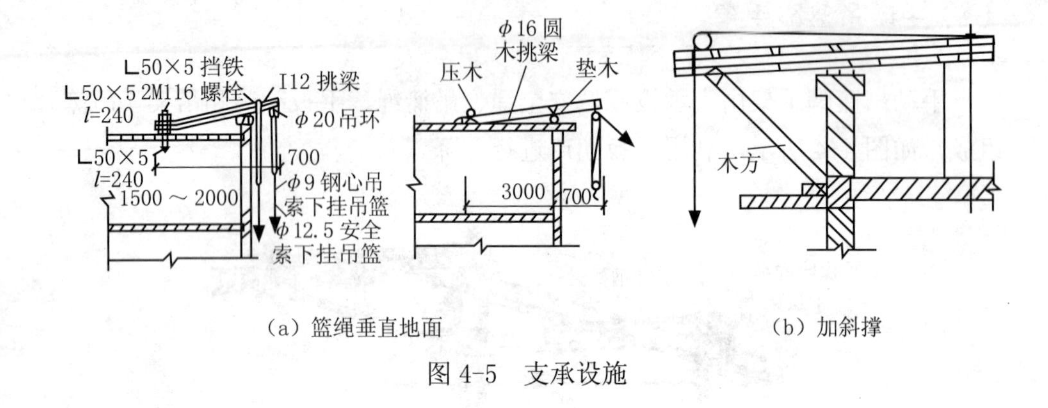

（a）篮绳垂直地面　　（b）加斜撑

图 4-5　支承设施

2）吊篮、吊架

①如图 4-6 所示，组合吊篮一般采用 ϕ48 钢管焊接成吊篮片，再把吊篮片用 ϕ48 钢筋扣接成吊篮，吊篮片间距为 2.0 ～ 2.5m，吊篮长不宜超过 8.0m，以免重量过大。

如图 4-7 所示是双层、三层吊篮片的形式。

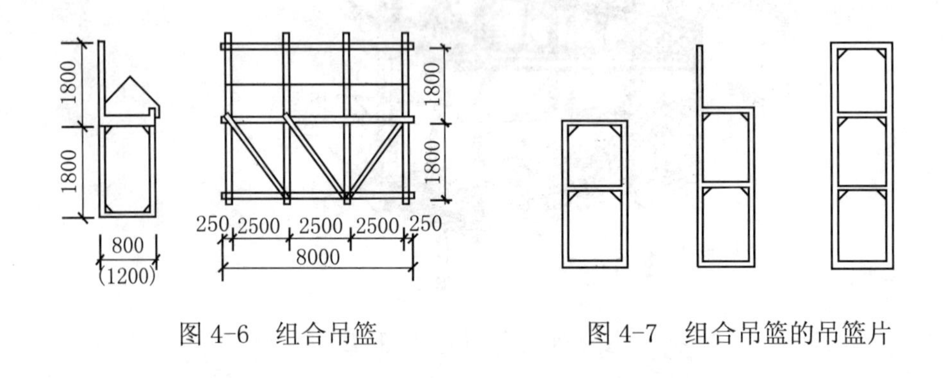

图 4-6　组合吊篮　　图 4-7　组合吊篮的吊篮片

②如图 4-8 所示，框架式吊架用 ϕ50×3.5mm 钢管焊接制成，主要用于外装修工程。

③桁架式工作平台一般由钢管或钢筋制成桁架结构，在上面铺上脚手板，常用长度有 3.6m、4.5m、6.0m 等几种，宽度一般为 1.0 ～ 1.4m。这类工作台主要用于工业厂房或框架结构的围墙施工。

吊篮里侧两端应装置可伸缩的护墙轮，使吊篮在工作时能与结构面靠紧，以减少吊篮的晃动。

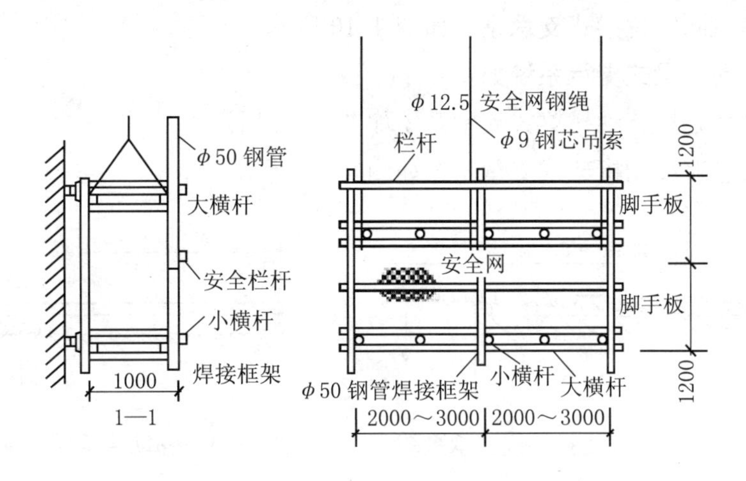

图 4-8　框架式吊架

(2) 电动吊篮脚手架

如图 4-9 所示，电动吊篮脚手架由屋面支承系统、绳轮系统、提升机构、安全锁和吊篮（或吊架）组成。目前吊篮脚手架都是工厂化生产的定型产品。

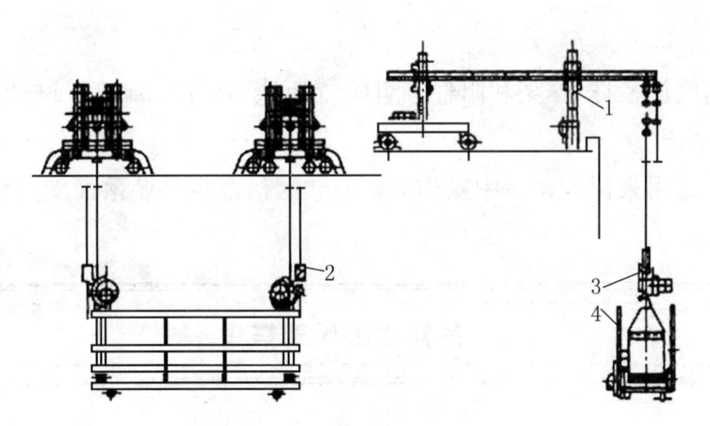

图 4-9　电动吊篮脚手架

1—屋面支承系统；2—安全锁；3—提升机构；4—吊篮

1）屋面支承系统

屋面支承系统由挑梁、支架、脚轮、配重以及配重架等组成，主要有四种形式：

①简单固定挑梁式支承系统如图 4-10 所示。

②移动挑梁式支承系统如图 4-11 所示。

③高女儿墙移动挑梁式支承系统如图 4-12 所示。

④大悬臂移动桁架式支承系统如图 4-13 所示。

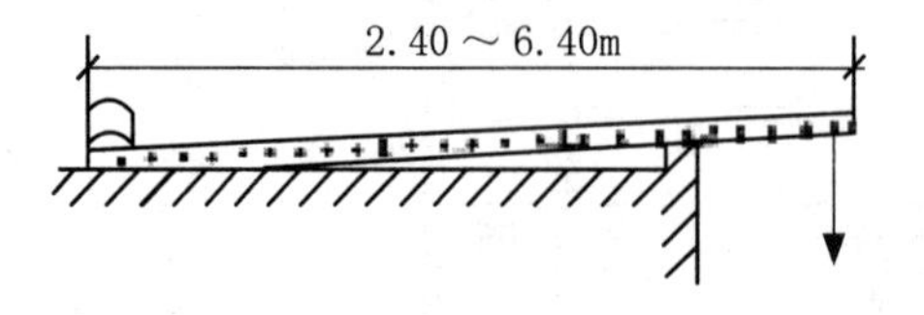

图 4-10 简单固定挑梁式支承系统

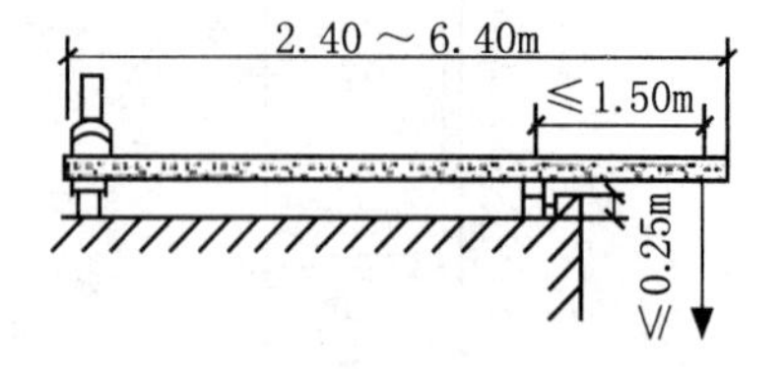

图 4-11 移动挑梁式支承系统

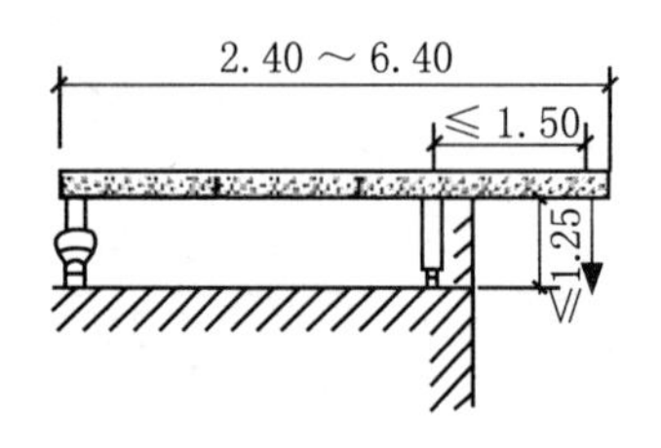

图 4-12 高女儿墙移动挑梁式支承系统（单位：m）

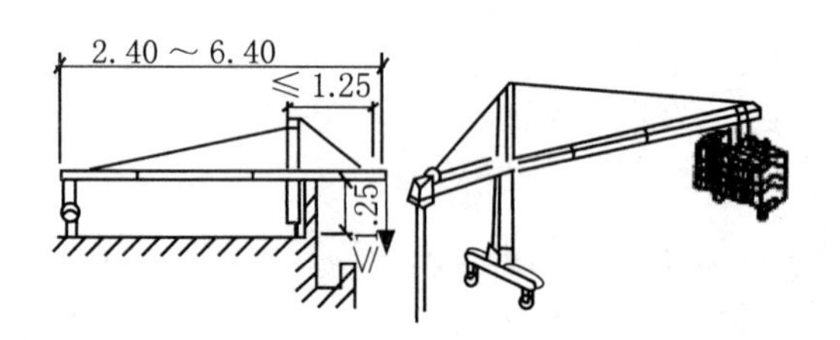

图 4-13 大悬臂移动桁架式支承系统（单位：m）

2）吊篮

吊篮由底篮栏杆、挂架和附件等组成。宽度标准为2.0m、2.5m与3.0m三种。

3）安全锁

安全锁是用来保护吊篮中操作人员不致因吊篮意外坠落而受到伤害。

2. 吊篮式脚手架搭设

（1）吊篮式脚手架搭设顺序

在地面上组装吊篮→确定挑梁位置→按吊篮大小安装挑梁→挂吊篮吊绳及安全保险绳→挂升降装置→摇升至使用高度→固定保险安全钢丝绳→将吊篮与结构拉结固定。

(2) 吊篮式脚手架搭设要点

1) 挂承重吊绳

在屋顶挑梁上挂好承重钢丝绳和安全绳，将承重钢丝绳穿过手扳葫芦的导绳向吊钩方向穿入，压紧，反复扳动前进手柄，即可使吊篮提升，反复扳动倒退手柄即可下落，不可同时扳动上下手柄。

2) 挂升降装置

承重吊绳倒挂在钢筋链杆上，下部吊住吊篮，利用倒链升降。由于倒链行程有限，因此在升降过程中，要多次倒替倒链，人工将倒链升降，如此接力升降。

3) 安全绳与吊篮体的连接

安全绳均采用直径不小于 13mm 的钢丝绳，通长到底布置，安全绳与吊篮体的连接可采用安全自锁装置，如图 4-14 所示。

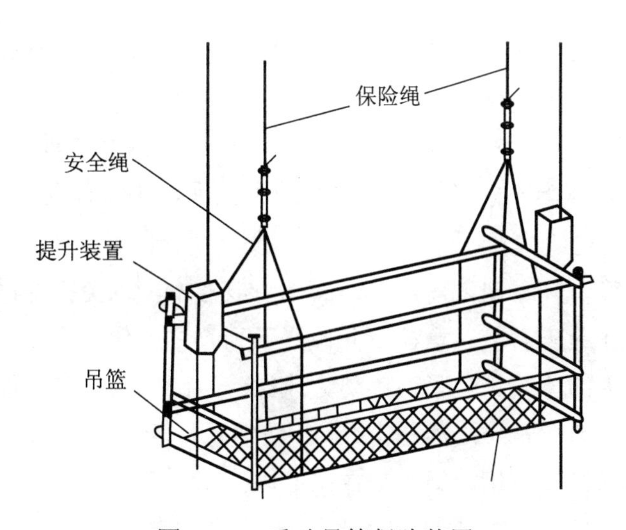

图 4-14　手动吊篮保险装置

(3) 吊篮式脚手架搭设安全注意事项

1) 吊篮式脚手架属高空载入设备，必须严格按照相关安全规程进行操作。

2) 吊篮操作人员必须身体健康，经培训和实习并取得合格证者，方可上岗操作。

3）每天工作班前的例行检查和准备作业内容包括：

①检查屋面支撑系统钢结构，配重，工作钢丝绳及安全钢丝绳的技术状况，凡不合格者，应立即纠正。

②检查吊篮的机械设备及电器设备，确保其正常工作，有可靠的接地设施。

③开动吊篮反复进行升降，检查起升机构、安全锁、限位器、制动器以及电机的工作情况，确认其正常后方可正式运行。

④清扫吊篮中的尘土垃圾、积雪和冰碴。

4）操作人员必须遵守操作规程，戴安全帽，系安全带，服从安检人员命令。

5）严禁酒后登吊篮操作。

6）严禁在吊篮中嬉戏打闹。

7）吊篮上携带的材料和机具必须安置妥当，不得使吊篮倾斜和超载。

8）如遇有雷雨天气或风力超过 5 级时，不得登吊篮操作。

9）当吊篮停置在半空中时，应将安全锁锁紧，需要移动时，再将安全锁松开。

10）吊篮在运行中如发生异常影响和故障，必须立即停机进行检查，故障未经彻底排除，不得继续使用。

11）如果必须利用吊篮进行电焊作业，对吊篮钢丝绳进行全面防护，以免钢丝绳受到损坏，不能利用受到损坏的钢丝绳，更不能利用钢丝绳作为导电体。

12）在吊篮下降着地之前，在地面上垫放方木，以免损坏吊篮底部脚轮。

13）每日作业班后应注意检查并做好下列收尾工作。

①将吊篮内的建筑物拉紧，以防大风骤起，刮坏吊篮和墙面。

②将吊篮内的建筑垃圾清扫干净，将吊篮悬挂于离地 3m 处，撤去上下梯。

③将多余电缆线及钢丝绳存放在吊篮内。

④作业完毕后应将电源切断。

（4）吊篮式脚手架检查与验收

1）吊篮式脚手架的检查

①检查屋面支承系统的悬挑长度是否符合设计要求，与结构的连接是否牢固可靠，配套的位置和配套量是否符合设计要求。

②检查吊篮绳、吊索、安全绳。

③五级及五级以上大风及大雨、大雪后应进行全面检查。

2）吊篮式脚手架的验收

无论是电动吊篮还是手动吊篮，搭设完毕后都要由技术、安全等部门依据规范和设计方案进行验收，验收合格后方可使用。

3. 吊篮式脚手架拆除要点

吊篮式脚手架拆除流程如下：

将吊篮逐步降至地面→拆除提升装置→抽出吊篮绳→移走吊篮→拆除挑梁→解掉吊篮绳、安全绳→将挑梁及附件吊送到地面。

第三节 挂脚手架

1. 挂脚手架的构造

常见的挂脚手架由三角形架、大小横杆、立杆、安全防护栏杆、安全网、穿墙螺栓、吊钩等组成。由两个或几个这样的三角架组成一榀，由脚手管固定，并以此为基础搭设防护架和铺设脚手板。

挂脚手架可根据结构形式的不同，而采用不同的挂架。

装修时可以采用图 4-15 和图 4-16 所示的构造。

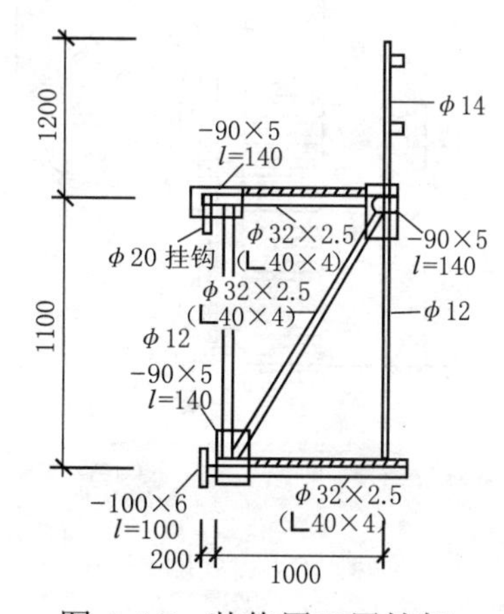

图 4-15 装修用双层挂架

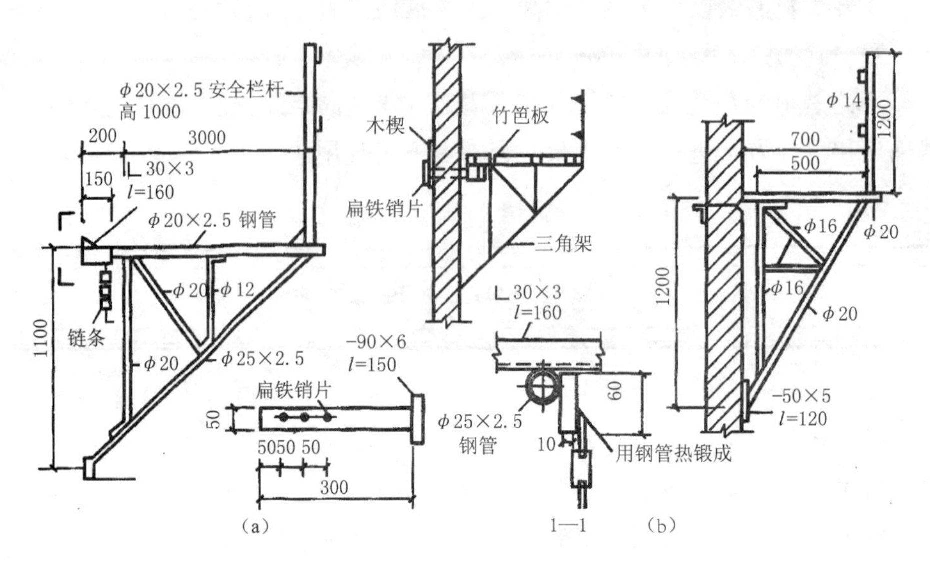

图 4-16 装修用单层挂架

砌筑时可以采用图 4-17（a)、(b）所示的两种构造。

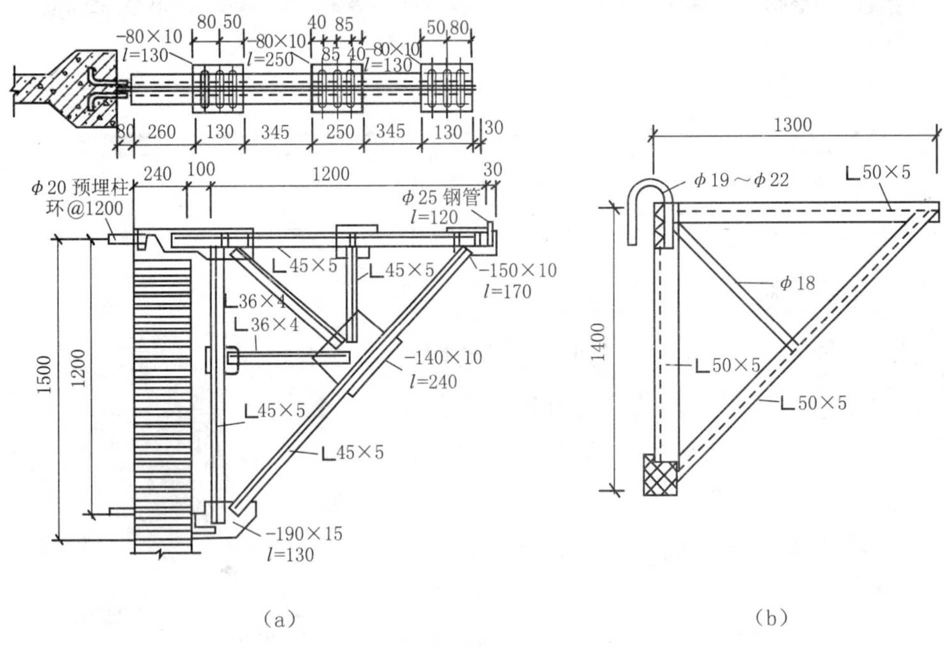

图 4-17 砌筑用挂脚手架

2. 挂脚手架的搭设

(1) 挂脚手架的搭设程序

在砌筑墙体（柱子）对预埋钢销板（挂环）→挂架安装→铺设脚手板→绑扎连接护栏。

(2) 挂脚手架的搭设要点

1）按设计位置安设预埋件或预留孔洞。连墙点的设置是挂架安全施工的关键，无论采用何种连墙方法，都必须经过设计计算，施工时务必按设计要求预埋铁件或预留孔洞，如图 4-18 所示，不得任意更改或漏放连墙件。

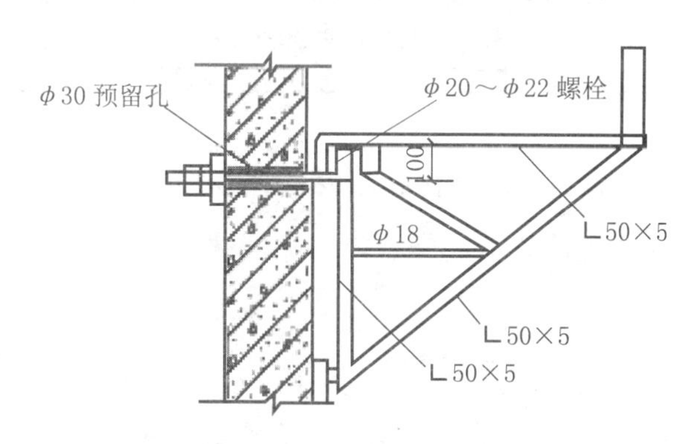

图 4-18　预留孔设置

2）挂架一般是事先组装好的，安装时，将挂架由窗口处伸出，应将上端的挂钩与预埋件或螺栓连结牢固，推动挂架使其垂直于墙面，下端的支承钢板紧贴于墙面。在无窗口处可由上层楼板上用绳索安装。

3）挂架安放好后，先由窗口处将脚手板铺上一跨，相邻两窗口同时操作。铺好板后，两人上到脚手板绑护身栏杆，使各榀挂架连成一整体，再铺中间的脚手板，依次逐跨安装。

(3) 使用注意事项

1）搭设挂架之前，必须预先在墙（柱子）内埋设好钢销板（挂环）并注意在门窗洞口两侧 180mm 范围内不能设挂架子。

2）在向上或向下翻挂架时，需要两套挂架以便倒着用，但拆与安之间要保持适当的距离，尽量提供方便的操作条件，操作人员要互相协调，紧密配合。

3）外挂脚手架上必须设置 3 道安全护栏，最底一道即为挂架之间的水平连杆，每道栏杆均须互相连接牢固。

4）在挂架前认真检查焊缝质量，并严格控制架上操作人员数量，一般不得超过 3 人。

5）建筑工程装修采用外挂脚手架时，应先做外装修，后做内装修，前后错开一个楼层。

6）挂架的拆除以及工作台的升降，也可使用塔式起重机或汽车吊。

7）挂架时要保证将挂钩插到底，外侧和下面均张设安全网。

3. 挂脚手架的拆除

挂脚手架拆除时先由塔吊吊住并让钢丝绳受力，然后松开墙体内侧螺母，卸下垫片，这时人站在挂架下层平台内将穿墙螺杆从墙外侧拔出，塔吊将外挂架吊到地面解体。

第四节 附着式升降脚手架

1. 附着式升降脚手架的类型

（1）按升降机构的类型分类

1）手拉环链葫芦：一般采用 3 ～ 5t 的手拉环链葫芦作为架体的升降机构。其结构简单、重量轻、易于操作、使用方便。因采用人工操作，当出现故障时可及时发现、排除或予以更换。由于手拉环链葫芦的力学性能较差，人工操作因素影响较大，多台手拉环链葫芦同时工作时不易保持其同步性，因此手拉环链葫芦不适用于多跨或整体附着升降脚手架，一般只限用于单跨升降脚手架的升降施工。

2）电动环链葫芦：一般采用 5 ～ 10t 的电动环链葫芦作为架体的升降机构。此类升降机构体积小，重量轻，升降速度一般在 0.08 ～ 0.1m/min 左右。电动环链葫芦运行平稳，制动灵敏可靠，可实现群体使用时的电控操作，安装和使用操作方便，使用范围较广。

3）电动卷扬机：其特点是采用钢丝绳提升，结构简单，架体每次升降的高度不受限制，升降的速度也较快。因其体积和重量较大，安装和使用的位置不易布置，在附着升降脚手架中应用较少。

4）液压动力设备：其特点是架体升降相当平稳，安全可靠，整体升降同步性能好。但受到液压缸行程的限制，架体无法连续升降，每层升降的时间较长，而且液压动力设备复杂，安装和维护技术水平要求高，一次性投资及维修成本较高。

（2）按附着支承方式划分

附着支承是将脚手架附着于工程边侧结构（墙体、框架）之侧并支承和传递脚手架荷载的附着构造，按附着支承方式可划分为：套框（管）式附着升降脚手架、导轨式附着升降脚手架、导座式附着升降脚手架、挑轨式附着升降脚手架、套轨式附着升降脚手架、吊套式附着升降脚手架、吊轨式附着升降脚手架。

（3）按升降方式划分

附着升降脚手架都是由固定或悬挂、吊挂于附着支承上的各节（跨）3 ～ 7 层（步）架体所构成，按各节架体的升降方式划分，可分为：单跨（片）式附着升降脚手架、整体式附着升降脚手架、互爬式附着升降脚手架。

（4）按提升设备划分

附着式升降脚手架按提升设备划分，可分为手动（葫芦）提升、电动（葫芦）

提升、卷扬提升和液压提升四种，其提升设备分别使用手动葫芦、电动葫芦、小型卷扬机和液压升降设备。手动葫芦只用于分段（1～2跨架体）提升和互爬提升，电动葫芦可用于分段和整体提升，卷扬提升方式用得较少，而液压提升方式则仍处在技术不断地发展的状态。

2. 附着式升降脚手架的构造

附着式升降脚手架实际上是把一定高度的落地式脚手架移到了空中，脚手架架体的总高度一般为搭设四个标准层高再加上一步护身栏杆。架体由承力构架支承，并通过附着装置与工程结构连接。所以，附着式升降脚手架的组成应包括：架体结构、附着支承装置、提升机构和设备、安全装置和控制系统几个部分。

附着式升降脚手架属侧向支承的悬空脚手架，架体的全部荷载通过附着支承传给工程结构承受。其荷载传递方式为：架体的竖向荷载传给水平梁架，水平梁架以竖向主框架为支座，竖向主框架承受水平梁架的传力及主框架自身荷载，主框架荷载通过附着支承结构传给建筑结构。

（1）架体结构

架体结构由竖向主框架、水平梁架和架体板构成，如图 4-19 所示。

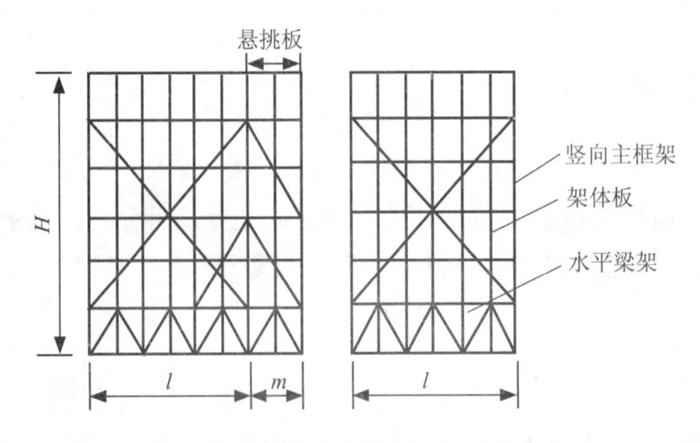

图 4-19　附着式升降脚手架的架体构成

1）竖向主框架

竖向主框架是脚手架的重要构件，它构成架体结构的边框架，与附着支承装置连接，并将架体荷载传给工程主体结构。带导轨架体的导轨一般都设计为竖向主框架的内侧立杆。竖向主框架可做成单片框架或格构式框架，必须是刚性的框架，不允许产生变形，以确保传力的可靠性。所谓刚性，包含两方面，一是组成框架的杆件必须有足够的强度、刚度；二是杆件的节点必须是刚性，受力过程中杆件的角度不变化。

2）水平梁架

水平梁架一般设于底部，承受架体板传下来的架体荷载，并将其传给竖向主框架。水平梁架的设置也是加强架体的整体性和刚度的重要措施，因而要求采用定型焊接或组装的型钢桁架结构。不准采用钢管扣件连接。当用定型桁架不能连续设置时，局部可用脚手管连接，但其长度不大于2m，并且必须采取加强措施，确保其连接刚度和强度不低于桁架梁式结构。

3）架体板

除竖向主框架和水平梁架的其余架体部分称为“架体板”，在承受风侧等水平荷载（侧力）作用时，它相当于两端支承于竖向主框架之上的一块板，同时也避免与整个架体相混淆。

架体结构在以下部位应采取可靠的加强构造措施：

①与附着支承结构的连接处。

②架体上，升降机构的设置处。

③架体上，防倾、防坠装置的设置处。

④架体吊拉点设置处。

⑤架体平面的转角处。

⑥架体因碰到塔吊、施工电梯、物料平台等设施而需要断开或开洞处。

⑦其他有加强要求的部位。

（2）附着支承

附着支承是附着式升降脚手架的主要承载传力装置。附着式升降脚手架在升降和到位后的使用过程中，都是靠附着支承附着于工程结构上来实现其稳定性的。附着支承有三个作用：可靠的承受和传递架体荷载，把主框架上的荷载可靠地传给工程结构；保证架体稳定地附着在工程结构上，确保施工安全；满足提升、防倾、防坠装置的要求，包括能承受坠落时的冲击荷载。

附着支承的形式主要有挑梁式、拉杆式、导轨式、导座（或支座、锚固件）和套框（管）等5种，并可根据需要组合使用。为了确保架体在升降时处于稳定状态，避免晃动和抵抗倾覆作用，要求达到以下两项要求。

附着支承与工程结构每个楼层都必须设连接点，连接点沿架体主框架竖向侧立面设置。在任何状态（架体使用、上升或下降）下，确保架体竖向主框架能够单独承受该跨全部设计荷载，防止坠落与倾覆作用的附着支承构造均不得少于两套。支承构造应拆装顺利，上下、前后、左右三个方向应具有对施工误差可以调节的措施，以避免出现过大的安装应力和变形。

必须设置防倾装置，即在采用非导轨或非导座附着方式（其导轨或导座既起支承和导向作用，也起防倾作用）时，必须另外附设防倾导杆。而挑梁式和吊拉式附着支承构造，在加设防倾导轨后，就变成了挑轨式和吊轨式。

（3）提升机构和设备

目前脚手架的升降装置有四种：手动葫芦、电动葫芦、专用卷扬机、穿芯液压千斤顶。电动葫芦是最常用的，由于手动葫芦是按单个使用设计的，不能群体使用，所以当使用三个或三个以上的葫芦群吊时，手动葫芦操作无法实现同步工作，容易导致事故的发生，故规定使用手动葫芦最多只能同时使用两个吊点的单跨脚手架的升降，因为两个吊点的同步问题相对比较容易控制。

按规定，升降必须有同步装置控制。分析附着式升降脚手架的事故，不管起初原因是什么，最终大多是由于架体升降过程中吊点不同步，偏差过大，提升机受力不一致造成的。所以同步装置是附着式升降脚手架最关键性的装置，它可以预见隐患，及早采取预防措施防止事故发生。可以说，设置防坠装置是属于保险装置，而设置同步装置则是主动的安全装置。当脚手架的整体安全度足够时，关键就是控制平稳升降，不发生意外超载。

同步升降装置应该具备自动显示、自动报警和自动停机功能。操作人员随时可以看到各吊点显示的数据，为升降作业的安全提供可靠保障。同步装置应从保证架体同步升降和监控升降荷载的双控方法来保证架体升降的同步性，即通过控制各吊点的升降差和承载力两个方面进行控制，来达到升降的同步且避免发生超载。升降时控制各吊点同步差在3cm以内；吊点的承载力应控制在额定承载力的80%。当实际承载力达到和超过额定承载力的80%时，该吊点应自动停止升降，防止发生超载。

按照《起重机械安全规程》规定，索具、吊具的安全系数≥6。提升机具的实际承载能力安全系数应在3～4之间，即当相邻提升机具发生故障时，此机具不因超载同时发生故障。

(4) 安全装置和控制系统

附着式升降脚手架的安全装置包括防坠和防倾装置。为防止脚手架在升降情况下发生断绳、折轴等故障造成坠落事故，同时保障在升降情况下，脚手架不发生倾斜、晃动，必须设置防坠落和防倾斜装置。

防倾应采用防倾导轨及其他适合的控制架体水平位移的构造。为了防止架体在升降过程中，发生过度的晃动和倾覆，必须在架体每侧沿竖向设置2个以上附着支承和升降轨道，以控制架体的晃动不大于架体全高的1/200和不超过60mm。防倾斜装置必须具有可靠的刚度，必须与竖向主框架、附着支承结构或工程结构做可靠联结，连接方法可采用螺栓联结，不准采用钢管扣件或碗扣联结。竖向两处防倾斜装置之间距离不能小于1/3架体全高，控制架体升降过程中的倾斜度和晃动的程度，在两个方向（前后、左右）均不超过3cm。防倾斜装置轨道与导向装置间隙应小于5mm，在架体升降过程中始终保持水平约束，确保升降状态的稳定和安全不倾翻。

防坠装置是为防止架体坠落的装置，即在升降或使用过程中一旦因断链（绳）等造成架体坠落时，能立即动作，及时将架体制停在附着支承或其他可靠支承结构上，避免发生伤亡事故。防坠装置的制动有棘轮棘爪、楔块斜面自锁、摩擦轮斜面自锁、模块套管、偏心凸轮、摆针等多种类型，如图4-20所示。

防坠装置必须在施工现场进行足够次数（100～150次）的坠落试验，以确认抗疲劳性及可靠度符合要求。

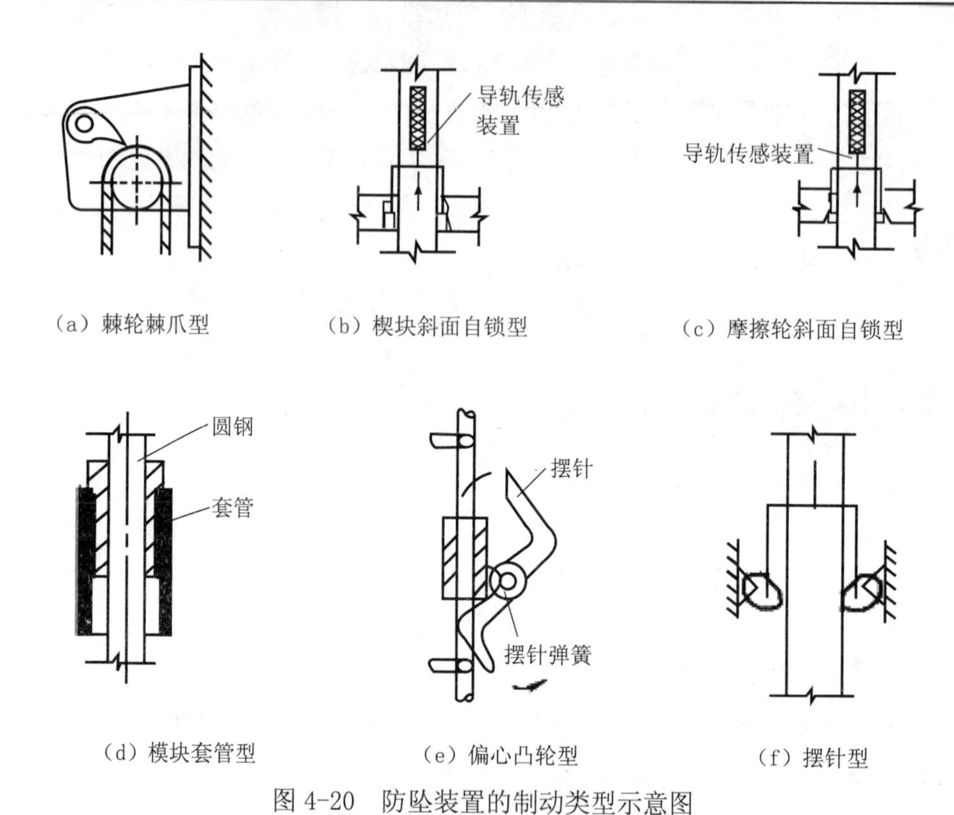

（a）棘轮棘爪型　（b）楔块斜面自锁型　（c）摩擦轮斜面自锁型

（d）模块套管型　（e）偏心凸轮型　（f）摆针型

图 4-20　防坠装置的制动类型示意图

（5）脚手板

1）附着式升降脚手架为定型架体，故脚手板应按每层架体间距合理铺设，铺满铺严，无探头板并与架体固定绑牢。有钢丝绳穿过处的脚手板，其孔洞应规则，不能留有过大洞口。人员上下各作业层应设专用通道和扶梯。

2）架体升降时，底层脚手板设置可折起的翻板构造，保持架体底层脚手板与建筑物表面在升降和正常使用中的间隙，作业时必须封严，防止物料坠落。

3. 附着式升降脚手架的搭设

现以导轨式附着式升降脚手架的搭设为例，介绍附着式升降脚手架的搭设过程。导轨式附着式升降脚手架对组装的要求较高，必须严格按照设计要求进行。

导轨式附着式升降脚手架由脚手架、爬升机构和提升系统组成。脚手架用碗扣式或扣件式钢管脚手架标准杆件搭设而成，搭设方法及要求同常规方法。爬升机构由导轨、导轮组、提升滑轮组、提升挂座、连墙支杆、连墙支座杆、连墙挂板、限位锁、限位锁挡块及斜拉钢丝绳等定型构件组成。提升系统可用手拉或电动葫芦提升。

（1）脚手架搭设准备工作

附着升降脚手架搭设前应做好以下准备工作：

1）按设计要求备齐设备、构件、材料，在现场分类堆放，所需材料必须符合质量标准。

2）组织操作人员学习有关技术和安全规程，熟悉设计图样及各种设备的性能，掌握技术要领和工作原理，对施工人员进行技术交底和安全交底。

3）电动葫芦必须逐台检验，按机位编号，电控柜和电动葫芦应按要求全部接通电源进行系统检查。

（2）脚手架搭设顺序

附着式升降脚手架的搭设顺序为：

搭设操作平台→搭设底部架→搭设上部脚手架→安装导轨→在建筑物上安装连墙挂板、支杆和支杆座→安提升挂座→装提升葫芦→装斜拉钢丝绳→装限位锁→装电控操作台（仅电动葫芦用）。

（3）脚手架搭设技术要点

附着式升降脚手架的搭设应在操作工作平台上进行搭设组装，工作平台面低于楼面 300 ～ 400mm。高空操作时，平台应有防护措施。其操作要点如下：

1）选择安装起始点、安放提升滑轮组并搭设底部架子。脚手架安装的起始点一般选在附着式升降脚手架的提升机构位置不需要调整的地方。

安放提升滑轮组，并与架子中与导轨位置相对应的立杆联结，并以此立杆为准向一侧或两侧依次搭设底部架。

脚手架的步距为 1.8m，最低一步架横杆步距为 600mm，或者用钢管扣件增设纵向水平横杆，并设纵向水平剪刀撑以增强脚手架承载能力。跨距不大于 1.85m，宽度不大于 1.25m。组装高度宜为 3.5 ～ 4.5 倍楼层高。爬升机构水平间距宜在 7.4m 以内，在拐角处适当加密。

与提升滑轮组相连（即与导轨位置相对应）的立杆一般是位于脚手架端部的第二根立杆，此处要设置从底到顶的横向斜杆。

底部架搭设后，对架子应进行检查、调整。具体要求为：横杆的水平度偏差≤ $l/400$（l 为脚手架纵向长度）；立杆的垂直度偏差＜ $H/500$（H 为脚手架高度）；脚手架的纵向直线度偏差＜ $l/200$。

2）脚手架架体搭设。以底部架为基础，配合工程施工进度搭设上部脚手架。

与导轨位置相对应的横向承力框架内沿全高设置横向斜杆，在脚手架外侧沿全高设置剪刀撑；在脚手架内侧安装爬升机械的两立杆之间设置横向斜撑，如图 4-21 所示。

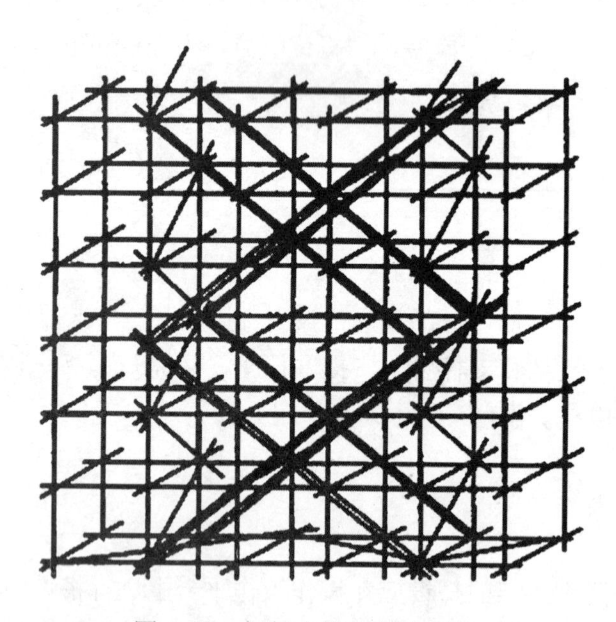

图 4-21　框架内横向斜撑设置

脚手板、扶手杆除按常规要求铺放外，底层脚手板必须用木脚手板或者用无网眼的钢脚手板密铺，并要求横向铺至建筑物外墙，不留间隙。

脚手架外侧满挂安全网，并从脚手架底部兜过来固定在建筑物上。

3）安装导轮组、导轨。在脚手架架体与导轨相对应的两根立杆上，各上、下安装两组导轮组，然后将导轨插进导轮和提升滑轮组下（图 4-22）的导孔中，如图 4-23 所示。

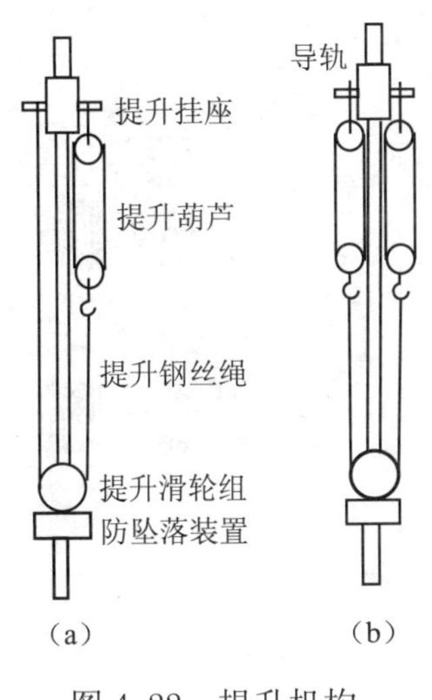

图 4-22 提升机构

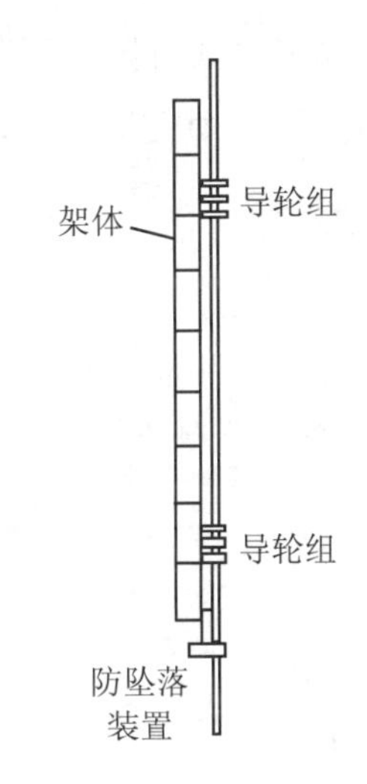

图 4-23 导轨与架体连接

在建筑物结构上安装连墙挂板、连墙支杆、连墙支座杆，再将导轨与连墙支座联结，如图 4-24 所示。

当脚手架（支架）搭设到两层楼高时即可安装导轨，导轨底部应低于支架 1.5m 左右，每根导轨上相同的数字应处于同一水平上。每根导轨长度固定，有 3.0m、2.8m、2.0m、0.9m 等几种，可竖向接长。

两根连墙杆之间的夹角宜控制在 45°～150°以内，用调整连墙杆的长短来调整导轨的垂直度，偏差控制在 $H/400$ 以内。

4）安装提升挂座、提升葫芦、斜拉钢丝绳、限位器。将提升挂座安装在导轨上（上面一组导轮组下的位置），再将提升葫芦挂在提升挂座上。当提升挂座两侧各挂一个提升葫芦时，架子高度可取 3.5 倍楼层高，导轨选用 4 倍楼层高，上下导轨之间的净距离应大于 1 倍楼层加 2.5m；当提升挂座两侧的一侧挂提升葫芦，另一侧挂钢丝绳时，架子高度可取 4.5 倍楼层高，导轨选用 5 倍楼层高，上下导轨之间的净距应大于 2 倍楼层高加 1.8m。

钢丝绳下端固定在支架立杆的下碗扣底部，上部用在花篮螺栓挂在连墙挂板上，挂好后将钢丝绳拉紧，如图 4-25 所示。

若采用电动葫芦则在脚手架上搭设电控柜操作台，并将电缆线布置到每个提升点，同电动葫芦连接好（注意留足电缆线长度）。

限位锁固定在导轨上，并在支架立杆的主节点下的碗扣底部安装限位锁夹。

导轨式附着式升降脚手架允许三层同时作业，每层作业荷载 $20kN/m^2$。每次升降高度为一个楼层。

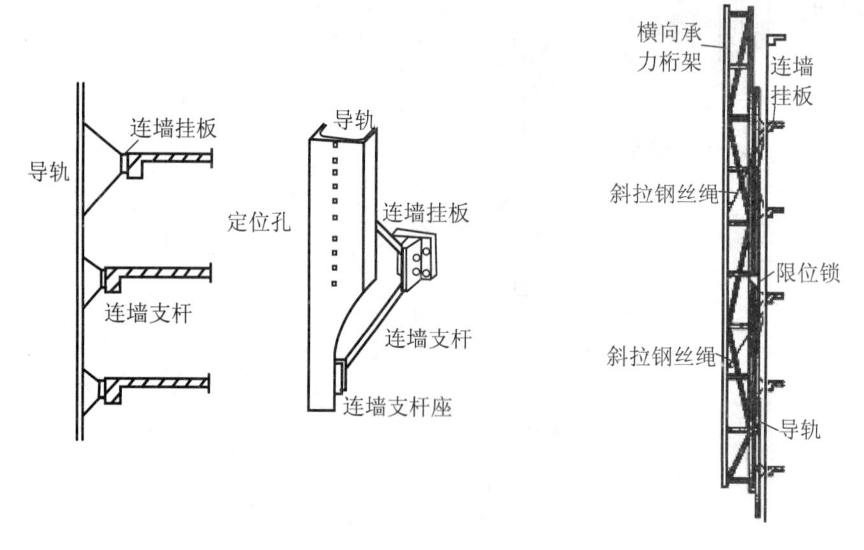

图 4-24　导轨与结构连接　　　　图 4-25　限位锁设置

4. 附着式升降脚手架的拆除

（1）附着升降脚手架拆除原则

1）架体拆除顺序为先搭后拆，后搭先拆。

2）拆除架体各步时应逐步进行拆除，不得同时拆除 2 步以上。每步上铺设的竹笆脚手板或木脚手板以及架体外侧的安全网应随架体逐层拆除，使操作人员有一个相对安全的操作条件。

3）架体上的附墙拉结杆应随架体逐层拆除，严禁同时拆除多层附墙拉结杆。

4）拆架使用的工具应使用尼龙绳系在安全带的腰带上，防止工具高空坠落伤人。

5）各杆件或零部件在拆除时，应用绳索捆扎牢固，缓慢放至地面或楼面，不得抛掷脚手架上的各种材料及工具。

6）拆下的结构件和杆件应分类堆放并及时运出施工现场，集中进行清理和保养，以备重复使用。

（2）附着升降脚手架架体拆除施工准备

1）制定方案

根据施工组织设计和附着升降脚手架专项施工方案，结合拆除现场的实际情况，有针对性地编制脚手架拆除方案，对人员组织、拆除步骤、安全技术措施提出详细的要求。拆除方案必须经脚手架施工单位安全、技术主管部门审批后方可实施。

2）方案交底

方案审批后，由施工单位技术负责人和脚手架项目负责人对操作人员进行拆除工作的安全技术进行交底。

3）清理现场

拆除工作开始前，应清理架体上堆放的材料、工具和杂物，清理拆除现场周围的障碍物。

4）人员组织

施工单位应组织足够的操作人员参加架体拆除工作。一般拆除附着升降脚手架需要 6 ～ 8 人配合操作，其中应有 1 名负责人指挥并监督检查安全操作规程的执行情况，架体上至少安排 5 ～ 6 人拆除，1 人负责拆除区域的安全警戒。

（3）附着升降脚手架架体拆除施工要点

1）升降脚手架的拆除工作应按专项施工方案及安全操作规程的相关要求完成。

2）在拆除工作开展前，应由该升降脚手架项目负责人组织施工人员进行岗位职责分工，定员定岗操作，不得随意调换人员。

3）上架施工人员应按规定佩带各种必需的安全用品，并能正确使用。

4）在拆除过程中，架体周围应设置警戒区，派专人监管。

5）架体上的材料、垃圾等杂物应及时清理至楼内，严禁向下抛撒。

6）自上而下按顺序拆除栏杆、竹笆脚手板、剪刀撑以及大小横杆。

7）架体竖向主框架同时随架体逐层拆除，注意结构件吊运时的牢靠性，及时收集螺栓、销等连接件。

8）附着升降脚手架在建筑物顶层拆除时，应在架体水平梁架的底部搭设悬挑支撑平台，并有保障拆架施工人员安全操作的防护措施。按各类型架体水平梁架的设计要求逐段拆除水平梁架、承力架及下道附着支承结构（即架体固定使用工况下的附着支承结构）。

第五章 其他脚手架的搭拆

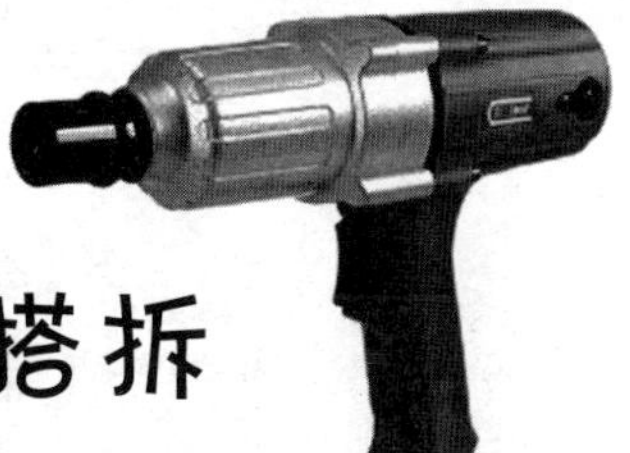

第一节 模板支撑架

1. 扣件式钢管模板支撑架的搭设

（1）搭设施工准备工作

扣件式钢管支撑架的搭设采用扣件式钢管脚手架的杆及配件，主要应做好的准备工作有以下几个方面：

1）场地清理平整、定位放线、底座安放等均与脚手架搭设时相同。

2）立杆的间距应通过计算确定，通常取 1.2 ～ 1.5m，不得大于 8m。对较复杂的工程，需根据建筑结构的主、次梁和板的布置，模板的配板设计、装拆方式，纵横楞的安排等情况，作出支撑架立杆的布置图。

（2）支撑架搭设

1）立杆接长。当扣件式支撑架的高度较高时，立杆可根据实际高度进行接长，其主要有两种连接方式，见表 5-1。

支撑架立杆连接方式　　表 5-1

序号	类别	图示	说明
1	对接扣件连接	P P P P	在立杆的顶端安插一个顶托，被支撑的模板荷载通过顶托直接作用在立杆上。采用这种接长方式时，荷载偏心小，受力性能好，能充分发挥钢管的承载力。此外，通过调节可调底座或可调顶托，可在一定范围内调整立杆总高度，但调节幅度不大。
2	回转扣件连接	PP PP PP	模板上的荷载作用在支撑架顶层的横杆上，再通过扣件传到立杆。采用这种接长方式时，荷载偏心大，且靠扣件传递，受力性能差，钢管的承载力得不到充分发挥。但调整立杆的总高度比较容易。

2）安装水平拉结杆。为了保证支撑架的整体稳定性，必须在支撑架立杆之间纵、横两个方向均设置扫地杆和水平拉结杆。各水平拉结杆的间距(步高)通常不大于 1.6m，如图 5-1 所示。

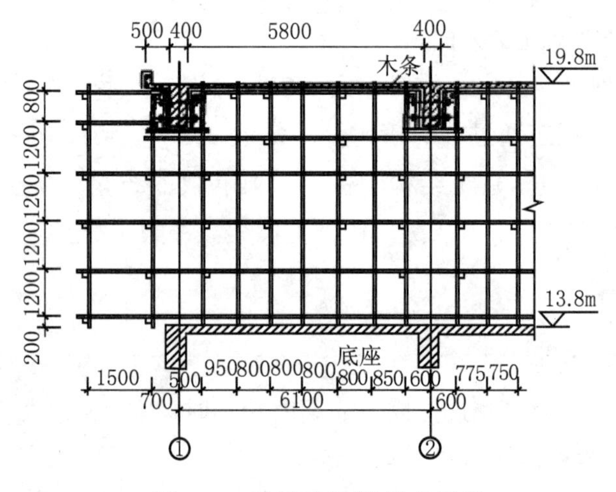

图 5-1　梁板结构模板支撑架

3）安装斜撑。扣件式钢管支撑架斜撑的搭设方式有两种，见表 5-2。

支撑架斜撑设计方式 **表 5-2**

序号	类别	图示	说明
1	刚性斜撑	柱钢模 斜撑 排架 标准层楼面 300 800 800 800 6300 ① ②	采用钢管作为斜撑，用扣件将斜撑与立杆和水平杆相连接
2	柔性斜撑	钢模 40×60方木或 ϕ48×3.5钢管 梁下横楞 水平连杆 立柱 剪刀撑 木楔 水平连杆	采用钢筋、钢丝、铁链等只能承受拉力的柔性杆件布置成交叉的斜撑

2. 门式钢管支撑架的搭设

（1）地基处理

搭设支撑架的场地必须平整坚实，回填土地面必须分层回填、逐层夯实，以保证底部的稳定性。通常底座下要衬垫木方，以防下沉，如图 5-2 所示。

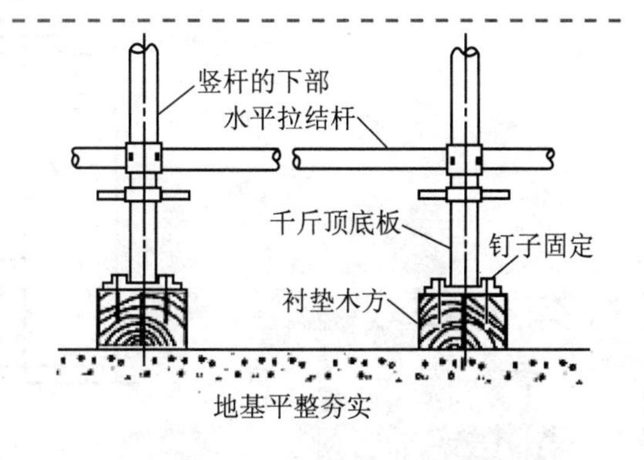

图 5-2 门式钢管架的根部固定

（2）肋形楼（屋）盖模板支撑架（门架垂直于梁轴线）

1）梁底模板支撑架。梁底模板支撑架的门架间距根据荷载的大小确定，同时也应考虑交叉拉杆的长短，如图 5-3 所示。

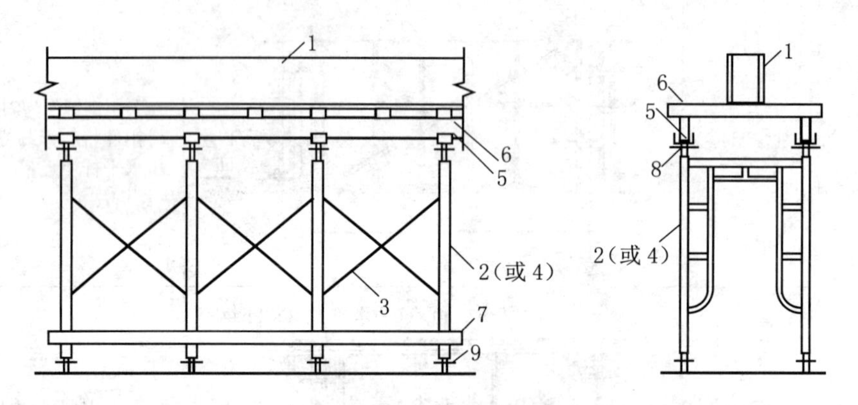

图 5-3 梁底模板支撑架

1—混凝土梁；2—门架；3—交叉支撑；4—调节架；5—托梁；6—小楞；7—扫地杆；8—可调托座；9—可调底座

2）梁、楼板底模板支撑架。梁、楼板底模板支撑架，如图 5-4 所示。

3）门架间距选定。门架的间距应根据荷载的大小确定，同时也需考虑交叉拉杆的规格尺寸，一般常用的间距有 1.2m、1.5m、1.8m。

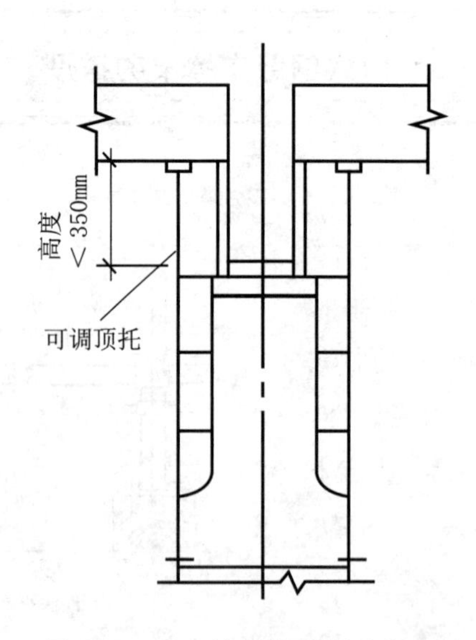

图 5-4 梁、楼板底模板支撑架

(3)肋形楼(屋)盖模板支撑架(门架平行于梁轴线)

1)梁底模板支撑架。梁底模板支撑架的布置形式，如图 5-5 所示。

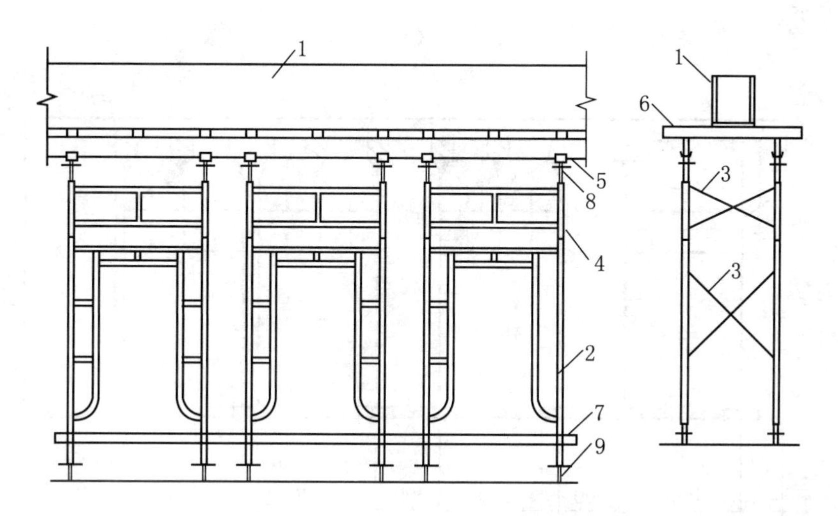

图 5-5 梁底模板支撑的布置形式

1—混凝土梁；2—门架；3—交叉支撑；4—调节架；5—托梁；6—小楞；7—扫地杆；8—可调托座；9—可调底座

2)梁、楼板底模板支撑架。梁、楼板底模板支撑架的布置形式，如图 5-6 所示。

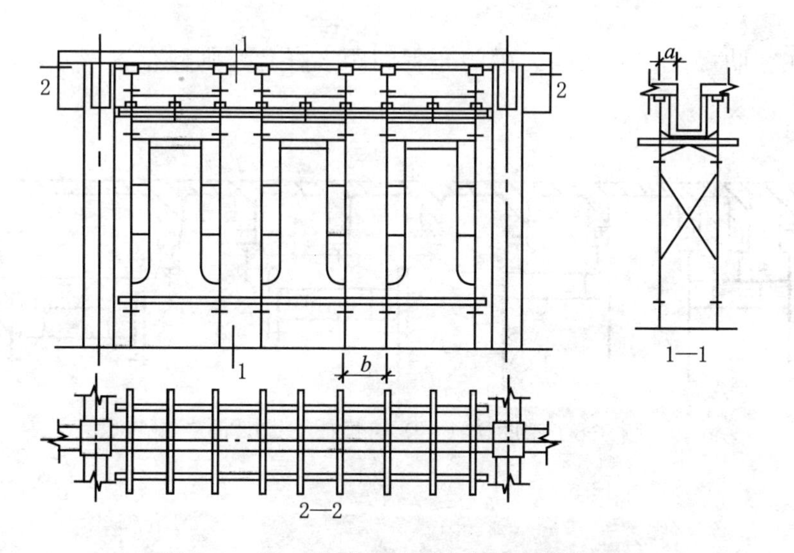

图 5-6 梁、楼板底模板支撑架布置形式

(4) 平面楼(屋)盖模板支撑架

平面楼屋盖的模板支撑架，采用满堂支撑架形式，其典型布置形式如图 5-7 所示。

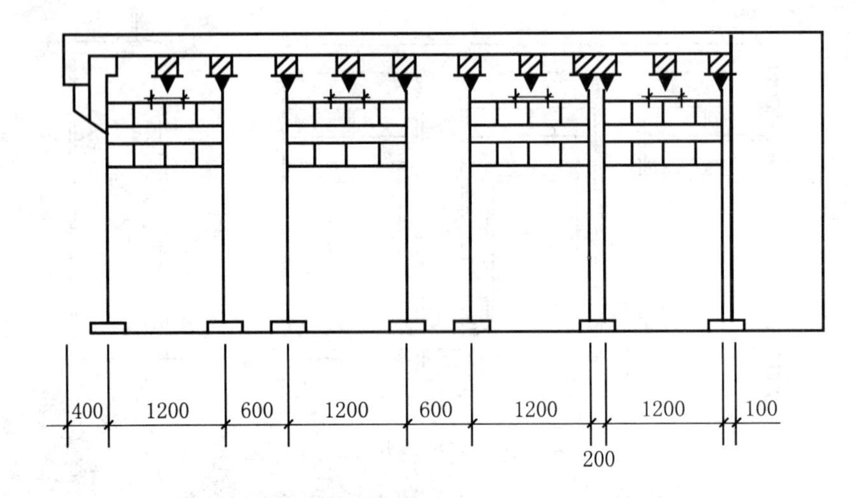

图 5-7 平面楼（屋）盖模板支撑架布置形式

(5) 密肋楼(屋)盖模板支撑架

在密肋楼（屋）盖中，梁的布置间距多样，其典型布置形式，如图 5-8 所示。

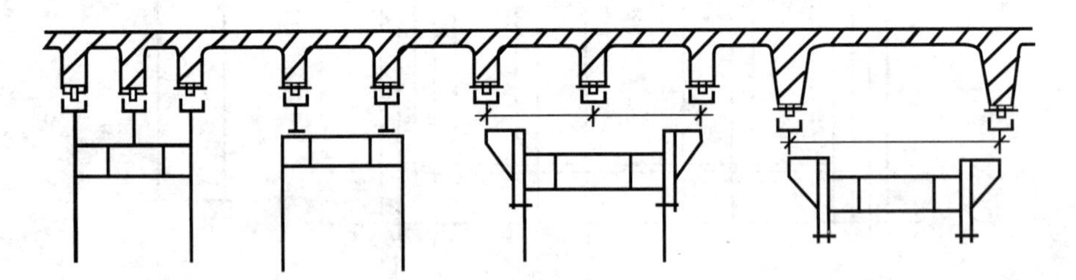

图 5-8 密肋楼（屋）盖模板支撑架布置形式

3. 模板支撑架的拆除

（1）一般规定

1）模板支撑架与满堂脚手架必须在混凝土结构达到规定的强度后才能拆除。

2）模板支撑架与满堂脚手架作为模板的承重支撑使用时，其拆除时间应在与混凝土结构同条件养护的试件达到表 5-3 规定强度标准值时，并经单位工程技术负责人同意后，方可拆除。

现浇结构底模拆除时的混凝土强度要求　　表 5-3

序号	结构类型	结构跨度（m）	达到设计的混凝土立方体抗压强度标准值的百分率（%）
1	板	≤ 2	≥ 50
		＞ 2，≤ 8	≥ 75
		＞ 8	≥ 100
2	梁、拱、壳	≤ 8	≥ 75
		＞ 8	≥ 100
3	悬臂构件	—	≥ 100

（2）注意事项

模板支撑架的拆除，除了应遵守相应脚手架拆除的有关规定外，根据支撑架的特点，还应注意以下几点：

1）支撑架拆除前，应由单位工程负责人对支撑架作全面检查，确定可拆除时，方可拆除。拆除时应采用先搭后拆，后搭先拆的施工顺序。

2）拆除支撑架前应先松动可调螺栓，拆下模板并运出后，才可拆除支撑架。

3）支撑架拆除应从顶层开始逐层往下拆，先拆可调托撑、斜杆、横杆，后拆立杆。

4）拆除时应采用可靠的安全措施，拆下的构配件应分类捆绑，尽量采用机械吊运，严禁从高空抛掷到地面。

5）对拆除下来的构配件进行及时的检查、维修和保养。变形的构配件应调整修理，油漆剥落处除锈后，应重新涂刷防锈漆。对底座、螺栓螺纹及螺栓孔等不易涂刷油漆的部位，在每次使用完毕后应清理污泥，并涂上黄油防锈。门架宜倒立或平放，平放时应相互对齐。剪刀撑、水平撑、栏杆等应绑扎成捆堆放，其他小零件应分类装入木箱内保管。

为了防止支撑架各配件生锈，最好贮存在干燥通风的库房内，条件不允许时，也可以露天堆放，但必须选择地面平坦、排水良好的地方。堆放时下面要铺垫板，堆垛上要加盖防雨布。

第二节 木脚手架

1. 木脚手架的构造

木脚手架是由许多纵横木杆，用铅丝绑扎而成。主要杆件有立杆、大横杆、小横杆、斜撑、抛撑、十字撑等，如图 5-9 所示。木杆常用剥皮杉杆，缺乏杉杆时，也可用其他质轻而强度较高的木料。杨木、柳木、桦木、油松和其他腐朽、折裂，以及有枯节的木杆不能使用。

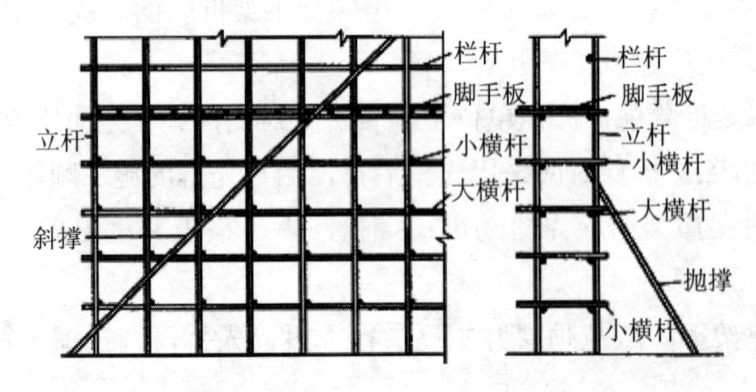

图 5-9 木脚手架

木脚手架的构造作法，详见表 5-4。

木脚手架的构造作法　　表 5-4

<table>
<tr><th>项目</th><th>图示及说明</th></tr>
<tr><td>立杆</td><td>立杆是主要的受力杆件，因此要求有足够的断面，其有效部分小头直径不能小于7cm。立杆可以采用双排架和单排架两种。
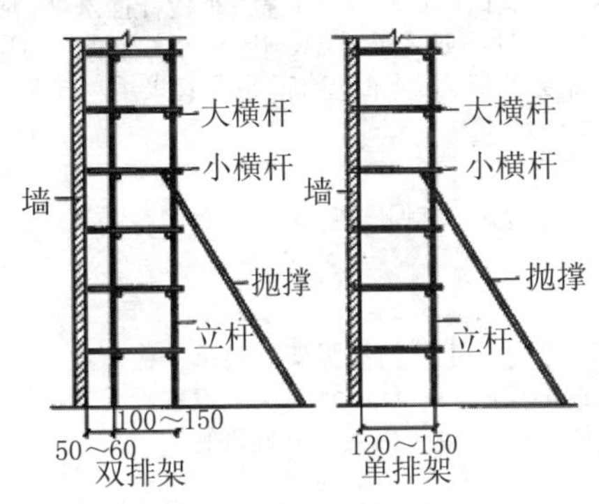

立杆接长采用搭接，搭接长度不小于 1.5m，搭接绑扎不少于三道。相邻两立杆的接头要互相错开，并不应布置在同一步距内。在木架子的顶部，里排立杆要低于屋檐 400 ～ 500mm，而外面立杆则要高出屋檐 1200mm，以便绑扎护身栏杆。
立杆的埋设深度要看土质情况，一般埋 40 ～ 80cm，并要夯实，如遇松土，立杆底应用砖或石块铺垫，四周再用碎砖、石子夯实。脚手架使用期如要超过一年以上，应将立杆埋入土中的部分，刷上防腐剂（如沥青等）。地面为混凝土或石层无法挖坑时，应沿立杆底加绑扫地杆。
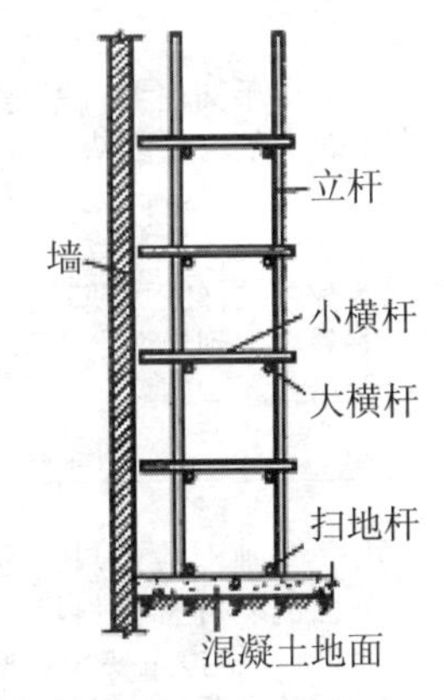
</td></tr>
<tr><td>大横杆</td><td>大横杆的作用是与立杆联结成整体，将脚手板上的荷载，传递到立杆上，因此必须具有足够的断面和强度，其有效部分的小头直径不得小于 8cm。大横杆的上下间距，按脚手架的用途不同而异。对于砌砖用的架子，一般在 1.0 ～ 1.3m。墙厚为 12 ～ 24cm 时，大横杆间距 1.3m 为宜；墙厚为 37cm 时，则取 1.2m 为宜。对于粉刷用的架子，根据操作需要，大横杆间距可以增至 1.5m 左右。大横杆可以绑在立杆里面，也可绑在立杆外面。
大横杆的接头部分应大小头搭接，搭接长度应不小于 1.5m，绑扎不少于三道，小头压在大头上面，并要求相邻两步大横杆的大头朝向互相交错，即第一步大头向左，第二步大头则向右。同一步距中，里、外排大横杆的接头不宜布置在同一跨内，而且相邻两步的大横杆接头也应错开。
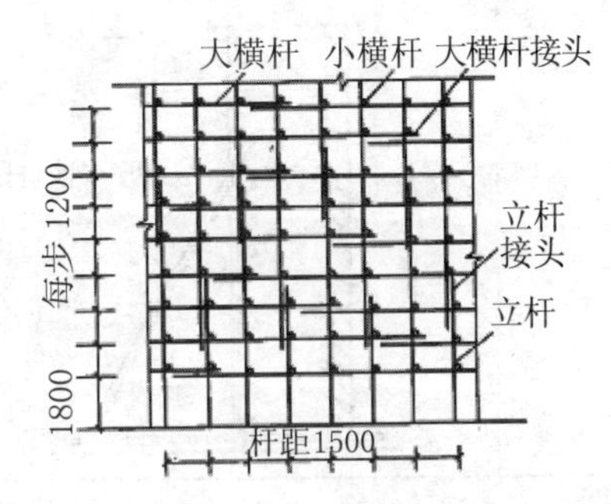
</td></tr>
</table>

续表

项目	图示及说明
小横杆	小横杆的有效部分小头直径不小于 80mm，布置的间距不大于 1m。长度应在 2m 以上，搁置在大横杆上的伸出长度不小于 300mm。单排架的小横杆搁入墙内的长度应不小于 240mm，而且要在杆端下边垫一块干砖，以便拆架时，杆子容易抽出。当小横杆在门窗洞口时，不应直接搁置在门窗樘上，而应在门窗洞口的外侧，另加大横杆及立杆与小横杆绑扎。 为了保持门窗洞口四周砌体的完整，小横杆插入处，应距洞边 240mm 以上。砌筑 18 墙、空斗墙、土坯墙时不要用单排架，因为在这些墙体内留置脚手眼，往往影响砌体的质量和强度。高度在 15m 以上的建筑，也不宜采用单排架，因为单排架过高，本身不稳固，容易倾倒。
横杆、立杆节点关系	大横杆应绑扎在立杆内侧，这样可缩短小横杆的跨距，且便于立杆接长和绑扎剪刀撑操作。
剪刀撑	剪刀撑（十字撑）主要是加强架子的整体稳定性。小头直径应不小于 70mm，搭设时，每档宽度应占两个跨间，从下到上连续设置，各档净距不大于 7 根立杆。剪刀撑斜杆与地面成 45°～60° 角与相交的立杆绑扎。 脚手架在大门等处需要留出通道时，通道部分的立杆应从第二步绑起，立杆底端绑在大横杆上，此处大横杆应适当加大断面。为了分担上层荷载，在通道两旁要绑上八字斜撑，这样就可使悬空立杆的一部分荷载通过斜撑传到地面上去。 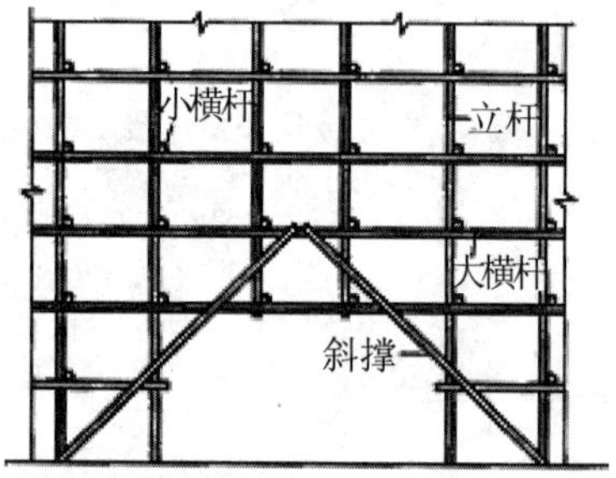
斜撑	与地面成倾斜角度，并紧贴脚手架垂直面的斜杆称为斜撑，其小头直径应不小于 7cm。斜撑主要设在脚手架拐角处，其作用是防止架子沿纵长方向倾斜。斜撑与地面约成 45° 角，底脚距立杆约 70cm，埋入土中深度不小于 30cm。大横杆绑在立杆里面时，斜撑绑在外排立杆的外面，大横杆绑在立杆外面时，则斜撑应绑在外排立杆里面。 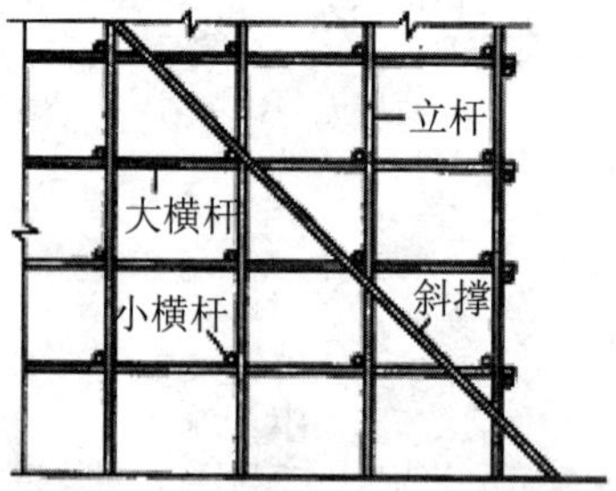
抛撑	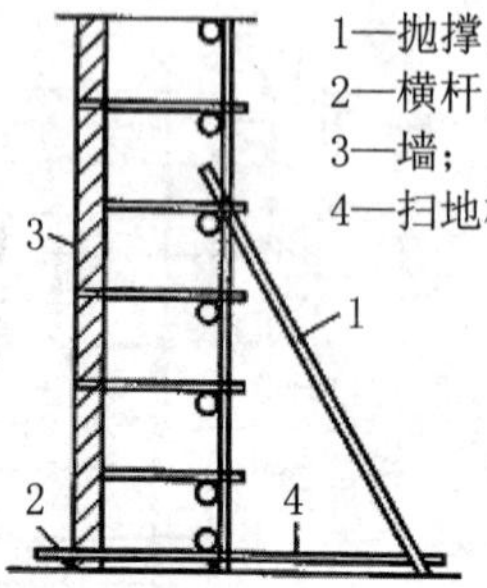 1—抛撑； 2—横杆； 3—墙； 4—扫地杆 抛撑主要作用是防止架子向外倾斜。架高三步以上必须设置，用小头直径不小于 70mm 的杉篙支设，通常设在两档剪刀撑之间。抛撑与地面夹角约为 60°，抛撑要埋入土中 300～500mm。如地面坚硬，不便埋设，则绑扎扫地杆。扫地杆一端与抛撑绑扎，另一端穿墙与墙脚处的横杆绑扎。

续表

项目	图示及说明
连墙件构造	连墙件的设置方法有多种（详见扣件式钢管脚手架）。如右图所示是双股 8 号钢丝绑扎、小横杆顶墙的做法。拉接处应每隔两步、三个跨间设置一道，并将小横杆中的延长部分作为连墙杆，顶住墙面。 5—立杆；6—大横杆；7—钢丝；8—钢丝环；9—小横杆
护身栏与挡脚板	对于 2m 以上的脚手架，每步架子都要绑一道护身栏和高度为 180mm 的挡脚板。
脚手架顶端的要求	当脚手架搭设到收顶时，里排立杆应低于檐口 400 ～ 500mm，如果是平屋顶，立杆必须超过女儿墙 1m；如果是坡屋顶，立杆必须超过檐口 1.5m。并且从最上层脚手板到立杆顶端要绑两道护身栏和立挂安全网，安全网的下口必须封绑牢固，以保证人身安全。

2. 木脚手架的连接和绑扎方法

木外脚手架，一般用 8 号钢丝绑扎，某些受力不大的地方也可用 10 号钢丝。缺乏铅丝时，也可用退过火的直径为 4mm 的钢筋来代用。钢丝的断料长度，应根据所绑扎的杆子粗细而定，一般长度为 1.3 ～ 1.6m，弯成如图 5-10 所示的形状，鼻孔大小同所用铁钎直径相适应。

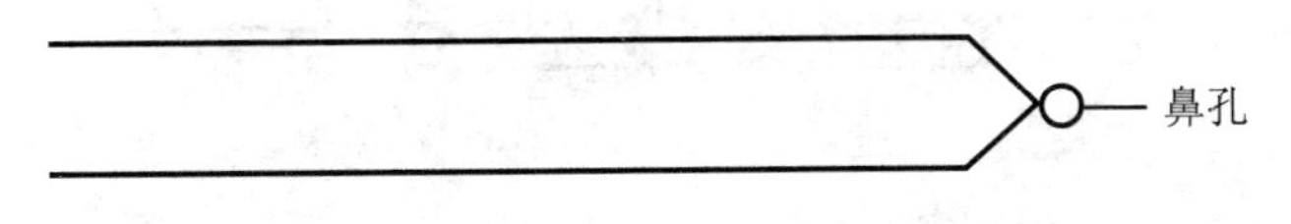

图 5-10 钢丝形式

立杆与大横杆的绑扎方法，常用的有平插、斜插两种。

1）平插法就是将钢丝从立杆的左边或右边，卡住大横杆插进去，上股及下股钢丝分别从立杆背后绕过来，钢丝头与鼻孔相交成十字，再用铁钎插进鼻孔中压住钢丝头，拧扭二圈半即可，如图 5-11 所示。扭的圈数过多，钢丝容易拧断，过少不易绑紧。

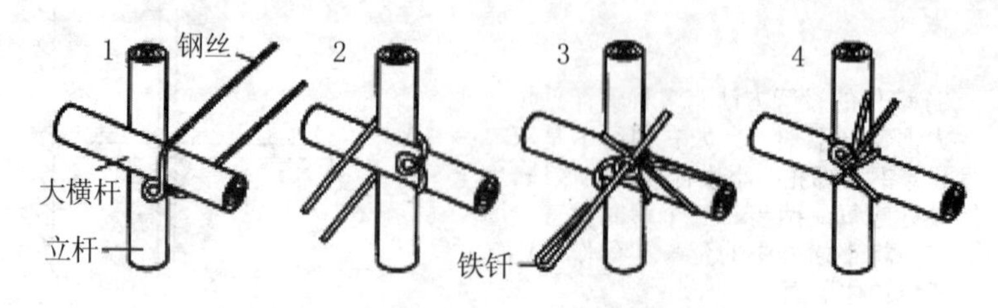

图 5-11 平插法绑扎步骤

2）斜插法就是将钢丝从大横杆与立杆交角处斜向插进去，上股及下股钢丝分别从立杆背后绕过来，钢丝头在鼻孔左右边各压一根，再用铁钎插入鼻孔中，同样拧扭二圈半，如图 5-12 所示。

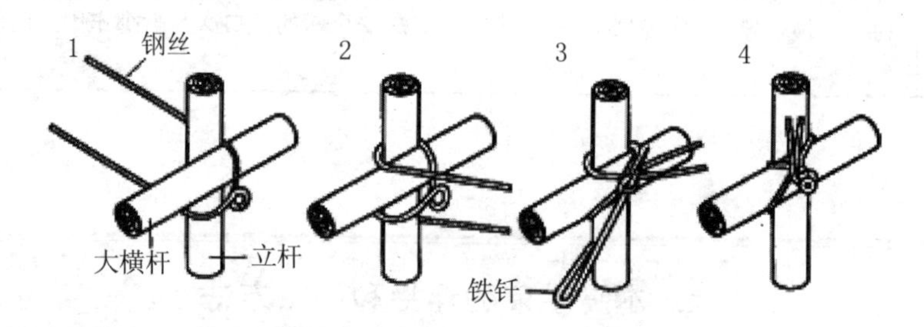

图 5-12 斜插法绑扎步骤

立杆、大横杆的接长，一般用顺扣，即将双股钢丝，兜绕杆子一圈后，钢丝头与鼻孔相交，用铁钎插入鼻孔中，压住钢丝头，拧扭二圈半，如图 5-13 所示。

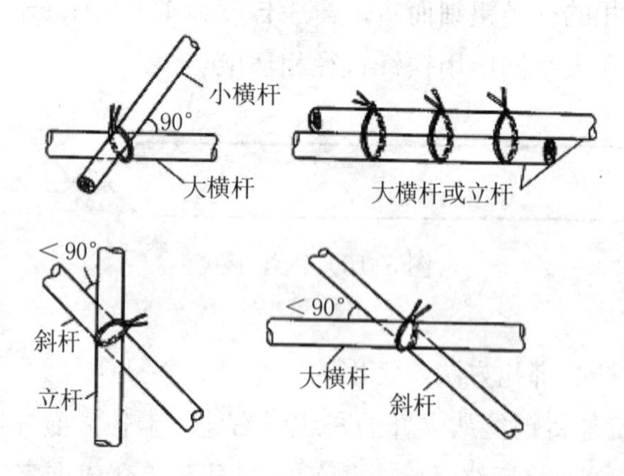

图 5-13 顺扣绑扎法

3. 木脚手架的搭设

（1）双排木脚手架的搭设

双排脚手架是在结构外侧设双排立柱，搭设高度一般不超过 30m。

1）双排脚手架的构造

双排脚手架由立杆、大横杆、小横杆、斜撑、剪刀撑、抛撑等组成，如图 5-14 所示。

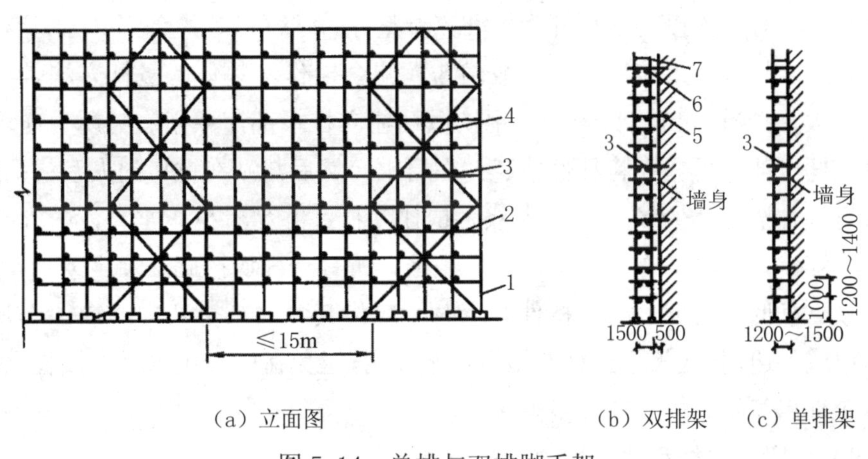

（a）立面图　　（b）双排架　（c）单排架

图 5-14　单排与双排脚手架

1—立杆；2—大横杆；3—小横杆；4—剪刀撑；5—连墙件；6—作业层；7—栏杆

2）操作程序

准备工作→根据建筑物形状放立杆位置线→开挖立杆坑→竖立杆→绑扎大横杆→绑扎小横杆→支绑斜撑→绑剪刀撑→铺脚手板→绑斜撑→绑护身栏→封顶挂安全网。

3）准备工作

①按照脚手架的构造要求和用料规格选择材料，并运至搭设现场分类堆放。宜把头大粗壮者做立杆；直径均匀，杆身顺直者做横杆；稍有弯曲者做斜杆，以便在搭设时随时取用。

②根据脚手架的工程量，按料单领取 8 号钢丝或竹篾，并按照绑扎方法和要求处理绑扎钢丝或竹篾，并运至搭设现场。

4）放立杆线与挖坑

①放线：根据建筑物的形状和脚手架的构造要求放线。按照立杆的间距要求，点好中心线。

②挖立杆坑：根据点好的立杆中心线用铁锹挖坑，坑底要稍大于坑口，其深度不小于500mm，直径不小于100mm，坑挖好后先将坑底夯实，再用碎砖块或石块将坑底填平，以防止下沉。

5）竖立杆与绑扎大横杆

①竖立杆的操作方法和要求：搭设双排脚手架时，要先竖里排立杆，后竖外排立杆，每排立杆要先将两端的立杆竖起，并将纵横方向校垂直，把杆坑填实，然后再竖中间立杆，同样再把中间立杆校垂直后，将立杆坑回填实。竖其他立杆时，均以这三根杆为标准穿看整齐。

②配合操作：竖立杆时，一般由3人配合操作。具体的竖杆方法是一人将立杆大头对准坑口，另一个人用铁锹挡住立杆根部，并用右脚用力向坑内蹬住立杆根部，再一人将杆件抬起扛在肩上，然后与站在坑口的人互相倒换，双手将杆件竖起落入坑内，一人双手扶住立杆，并穿看校正垂直，两人回填夯实立杆，并将根部作成土墩，以放积水。所有立杆均按此法顺序竖立。

竖立杆时应注意：如果杆件有弯时，应将其弯曲部分弯向纵向，不得弯向里边或外边，其次长短立杆要错开搭配使用，避免在同一个水平上接长立杆，也不允许相邻两立杆在同一步内接长。

6）设置连墙杆和八字撑的方法和要求

①设置连墙杆的方法和要求：当脚手架较高无法再绑扎斜撑时，可以采取设置连墙杆的方法解决脚手架的稳定问题，以保证脚手架不向外倾斜和倒塌。设置连墙杆的方法有4种，见表5-5和图5-15。

设置连墙杆的方法　　表5-5

方法	说明
第一种方法	将连墙杆一头顶住墙面，并用8号钢丝绕过立杆与墙上的预埋吊环绑扎牢固
第二种方法	将连墙杆一头穿过墙，然后在墙的里外两侧用两只扣件紧固
第三种方法	利用门窗洞口，将连墙杆件插入墙内，再用两根长于洞口的杉篙，从墙的里、外侧与连墙杆绑扎牢固
第四种方法	与第三种方法相似

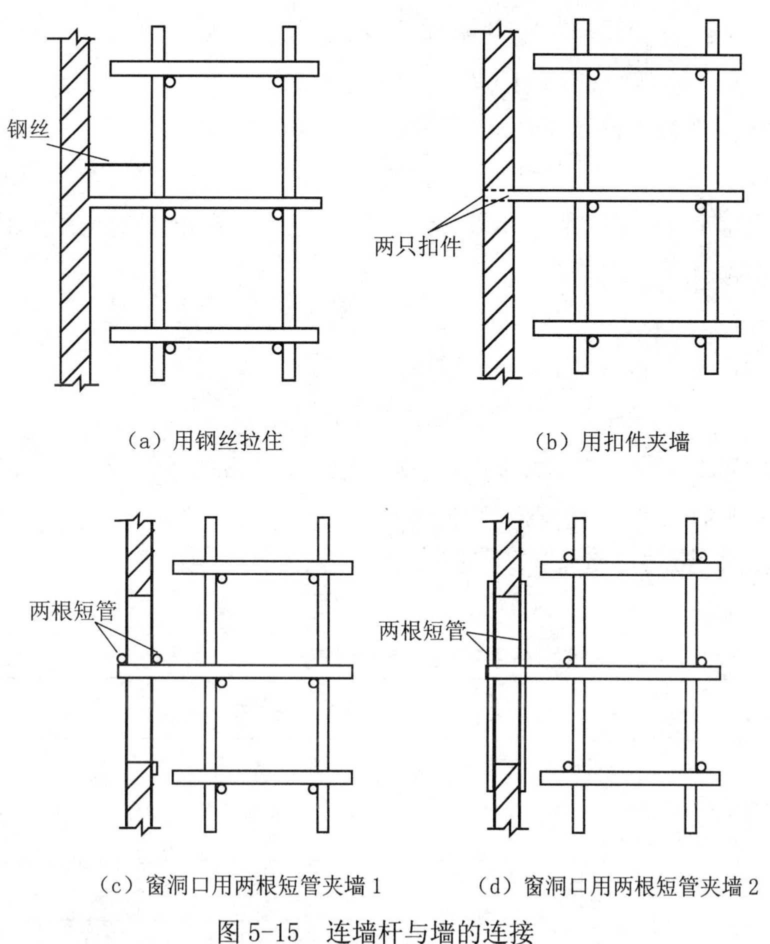

（a）用钢丝拉住　　（b）用扣件夹墙

（c）窗洞口用两根短管夹墙 1　　（d）窗洞口用两根短管夹墙 2

图 5-15　连墙杆与墙的连接

②设置八字撑的方法和要求：当脚手架遇到门洞通道时，为了不影响通行和运输，应将立杆从第二步大横杆起绑扎，同时需要在通道的两侧加设八字撑。八字撑一般应与地面成 60° 夹角，而且应与立杆和大横杆绑扎牢固，使大横杆的荷载通过八字撑传递到地面。

（2）单排木脚手架的搭设

单排脚手架式在结构外侧设单排立柱。

1）单排脚手架的构造

单排脚手架的构造如图 5-14 所示，单排脚手架由立杆、大横杆、小横杆、剪刀撑和抛撑组成。由于这种脚手架仅在结构外侧有一排立杆，小横杆一端与立杆和大横杆相连，另一端搁置在墙上，所以稳定性较差，搭设高度不得超过 20m。

单排脚手架不得用于半砖、180mm 厚的砖砌墙体，土坯、轻质空心砖砌墙体，砌筑砂浆强度低于 M1 的砌体。为了搁置小横杆，墙上必须留脚手眼，从而削弱了墙体的强度。为确保墙的整体强度，在下列部位不允许留置脚手眼：

①砖过梁上与梁成 60° 角的三角形范围内。

②砖柱或宽度小于 740mm 的窗间墙。

③梁及梁垫下及其左右各 370mm 的范围内。

④门窗洞口两侧 240mm 和转角处 420mm 范围内，以及设计图纸上规定不允许留脚手眼的部位。

单排脚手架的构造参数见表 5-6。

单排脚手架的构造参数（单位：m） **表 5-6**

用途		砌筑架	装饰架
立杆间距	横向	≤1.2	≤1.2
	纵向	≤1.5	≤1.8
操作层小横杆间距		≤0.75	≤1.0
大横杆竖向步距		1.2～1.5	≤1.8

2）单排脚手架的搭设要点及质量要求

单排脚手架的搭设要点及质量要求详见表 5-7。

单排脚手架的搭设要点及质量要求 **表 5-7**

项目	搭设要点及质量要求
竖立杆	按线挖好立杆坑以后，开始竖立杆。立杆应大头朝下，上下垂直，垂直偏差不大于架高的 1/1000，且不得大于 100mm。应先竖两侧立杆，将立杆纵横方向校垂直以后将杆坑填平夯实，然后再竖中间立杆，校正后将杆坑填平夯实。竖其他杆时，以这三根立杆为标准，做到横平竖直。 立杆的接长位置应错开一步架，搭接长度应跨两根大横杆，且不得小于 1.5m，搭接部位绑扎不小于三道，相邻两根立杆的搭接位置应错开，如图 5-16 所示，立杆的接长绑扎方法如图 5-17 所示。

续表

项目	搭设要点及质量要求
竖立杆	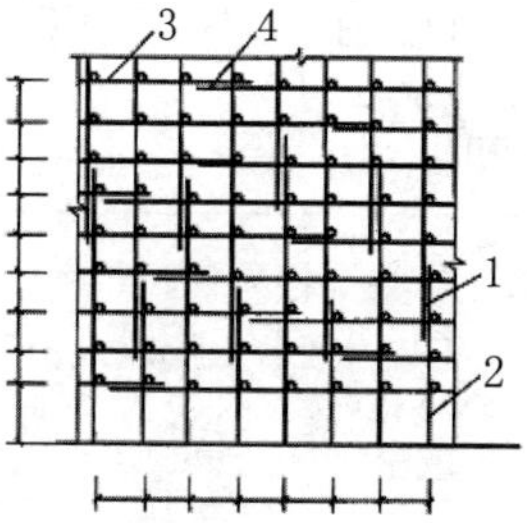 立杆和大横杆接头布置 1—立杆接头；2—立杆；3—大横杆； 4—大横杆接头  立杆的接长绑扎方法
绑扎大横杆	大横杆绑扎在立杆的内侧，沿纵向平放。绑第一道大横杆时，要注意保持立杆的横平竖直，操作人员要听从找平人的指挥，绑扎时切忌拉铁丝用力过猛，以免将立杆拉歪。绑扎第二道大横杆时要注意动作轻巧，上下呼应，找平人发出绑扎信号后，马上绑扎，其他大横杆依次用上述方法绑扎。 大横杆的接长应位于立杆处，大头伸出立杆 200 ～ 300mm，并使小头压在大头上，搭接长度不小于 1.5m，上下大横杆的搭接位置应错开。
绑扎小横杆	在第一步架绑扎大横杆的同时，应绑扎一定数量的小横杆，使脚手架有一定的稳定性和整体性。绑扎到 2 ～ 3 步架内，应全面绑扎小横杆，以增强脚手架的整体性。 小横杆绑扎在大横杆上，大头朝里。小横杆搁置在墙上的长度不得小于 240mm，伸出大横杆的长度不得小于 200mm。
绑扎抛撑和剪刀撑	脚手架绑扎到三步架时，必须绑扎抛撑和剪刀撑。抛撑设在脚手架外侧拐角处，中部抛撑设在剪刀撑的中部，间距为 7 根立杆的距离绑扎一道抛撑。抛撑与地面呈 45° 角，底端埋入土中 200 ～ 300mm，以保证脚手架不向外倾斜或发生塌架事故。 剪刀撑设置在脚手架的外侧，是与地面呈 45° ～ 60° 角的十字交叉杆件。由下至上与脚手架同步搭设，绑扎牢固。第一步剪刀撑要着地，上下两对剪刀撑不能对头相接，应互相搭接，搭接位置应位于立杆处，剪刀撑要占两个立杆宽，其间距不超过 7 根立杆的间距。 剪刀撑本身，以及剪刀撑与立杆、大横杆相交处均应绑牢。 脚手架纵向长度小于 15m 或架高小于 10m 时，可设置斜撑代替剪刀撑，从下向上连续呈“之”字形设置。
连墙点的设置	脚手架的搭设高度大于7m时，必须设连墙点，使脚手架与结构连接牢固。连墙点设在立杆与横杆交点附近，沿墙面呈梅花状布置，两排连墙点的垂直距离为 2 ～ 3 步架高，水平距离不大于 4 倍的立杆纵距。单排脚手架应在两端端部沿竖向每步架设置一个连墙点。 连墙点应既能承受拉力又能承受压力，在混凝土结构墙、柱、过梁等处可以预埋 $\phi6$ ～ $\phi8$ 的钢筋环或打胀管螺栓，用双股 8 号钢丝与立杆绑牢承受拉力，并配合小横杆顶住墙面承受压力。砖砌墙体可将小横杆穿过连墙点，然后在墙的里、外两侧用短杆加固。

续表

项目		搭设要点及质量要求
护栏和挡脚板的设置		脚手架搭设到两步架以上时，操作层必须设置高 1.2m 的防护栏杆和高度不小于 0.18m 的挡脚板，也可以加设一道 0.2 ～ 0.4m 高的低护栏代替挡脚板，以防止人、物的闪出和坠落。
特殊部位处理	门洞和过道	门洞和过道处可拔空 1 ～ 2 根立杆，并将悬空的立杆用斜杆逐根连接到两侧立杆上并绑牢，形成八字撑。斜杆与水平杆夹角为 45° ～ 60°，上部相交于洞口上部 2 ～ 3 步大横杆上，下部埋入土中不小于 300mm。洞口处大横杆断开，绑扎拔空立杆的第二步架的大横杆小头直径不得小于 120mm。
	窗洞	窗洞处可增设一根短大横杆，将上部荷载传递给两侧的小横杆上。

4. 木脚手架的拆除

拆除木脚手架与拆除扣件式钢管脚手架一样要遵循“先绑的后拆，后绑的先拆”的原则。按层次自上而下拆除，其拆除顺序为：先拆作业层护身栏杆及脚手板，每档内留一块脚手板翻到下层，供下层拆除操作使用。其余脚手板逐层下运。然后依次拆除小横杆、大横杆（安全栏杆）、剪刀撑、立杆等。

木脚手架的拆除操作要点为：

1）拆除大横杆、剪刀撑要由三人配合操作。同时解铅丝扣，拆除后由中间一个负责往下顺杆。

2）往下顺杆时，要握住杆的小头，使杆的大头向下，同时通知下面接应。从高处往下顺杆，应用绳索绑住杆的两头，由二人负责送绳，大头先放，使杆形成垂直或稍有斜度，送到下面接近第一步大横杆时，由下面接应。

3）拆除抛撑时，应先用临时支撑将架子撑住（或拉住），再拆除抛撑。架子拆除到地面后，拔出立杆，填严坑口。

4）拆除下来的杆件应分类堆放，堆垛下面应垫高，做好通风防水。拆除的铅丝扣，应集中回收处理，不得随地乱掷。

第三节 竹脚手架

1. 竹脚手架构造

图 5-16 竹脚手架

竹脚手架，在砌筑及粉刷工程中应用也很广泛，特别是在南方盛产毛竹的地区（图 5-16）。

竹脚手架是由竹杆用竹篾绑扎而成的，它的主要杆件有立杆、大横杆、小横杆、斜撑、抛撑、十字撑等，其构造如图 5-17 所示。竹杆要用生长 3 年以上的毛竹（楠竹），青嫩、枯黄，有裂纹、虫蛀的都不能使用。竹篾必须采用新鲜篾，其宽度不小于 8mm，厚度为 1mm 左右，使用前须在清水中浸润 2 ～ 3 小时，如有断腰、大节疤、霉点等现象均不得使用。

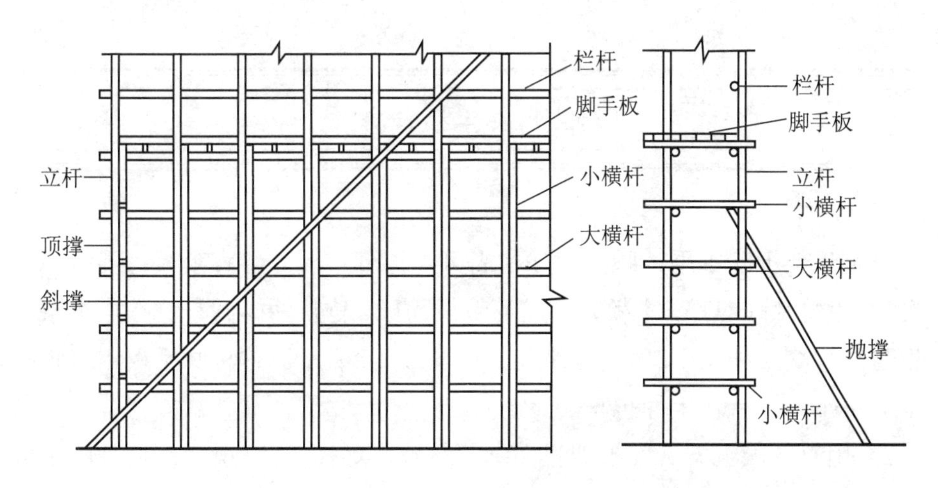

图 5-17 竹脚手架的构造

竹脚手架的构造要求如下：

1）立杆、大横杆、斜撑、抛撑、顶撑等杆件，其有效部分小头直径应不小于7.5cm，小横杆有效部分小头直径应不小于9cm，如小头直径在6～9cm之间，可将双根合并使用。

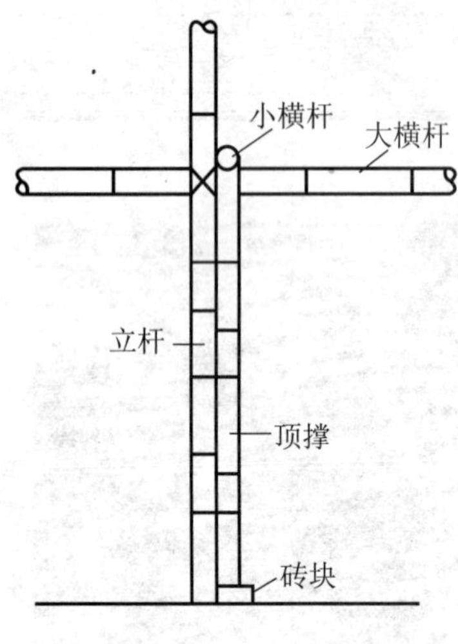

图5-18 顶撑的设置

2）竹外脚手架的构造与木外脚手架基本上相同，所不同的是立杆旁要加设顶撑，顶住小横杆，用以分担一部分小横杆传来的荷载，以防大横杆因受荷载过大而下滑，如图5-18所示。

3）大横杆宜绑在立杆里面。砌筑用竹脚手架不宜搭单排，只有在三步以下粉刷用脚手架，才准用单排，以确保施工安全。立杆的纵向间距，一般不大于1.3m，大横杆间距不大于1.2m，小横杆间距不超过75cm。每根立杆处要绑一小横杆，两根立杆之间也绑一小横杆。

4）斜撑、抛撑等的设置，以及立杆、抛撑的埋设深度，与木外脚手架相同，但在埋入前必须在坑内垫以砖块或石块，以防下沉。

5）立杆的接长，其搭接长度应不小于1.5m，大横杆接长，其搭接长度不小于2m，每一搭接处至少扎篾三道。

2. 竹脚手板种类

竹脚手架上除了用木脚手板外，尚可用竹脚手板，竹脚手板种类很多。

1）用竹片作纵筋，木板条作横筋编织而成，竹片两端圆钉钉在木板条上。木板与竹片交接处用14号钢丝绑扎，如图5-19所示。这种脚手板用料较省，但板面不平，不宜在上面推车。

2）用竹杆做框架，在框架里面铺钉竹片，如图5-20所示。这种脚手板，表面平坦，承载能力也比较大。

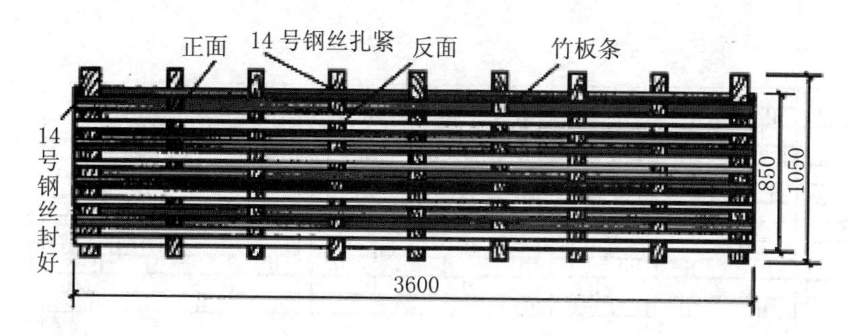

图 5-19　竹片编织脚手板

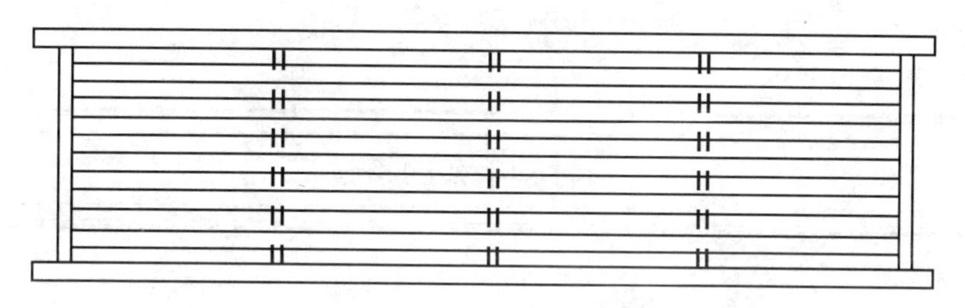

图 5-20　竹片铺钉脚手板

3）将竹材劈成竹片，并列在一起，横穿几道螺栓，如图 5-21 所示。这种脚手板制作简便，刚度较大；由于竹片是立排的，走起来不滑，使用效果良好。

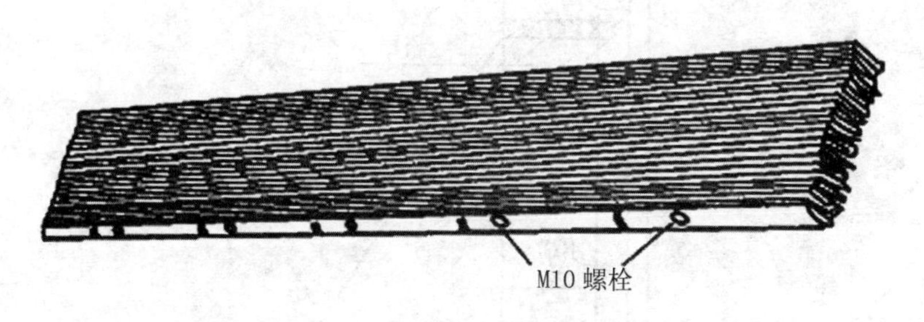

图 5-21　主片并列脚手板

4）用小头直径为 2 ～ 3cm 的竹杆，一顺一倒排列成，竹杆之间用 14 号钢丝编扎，两头及中间用木板条上下钉牢，如图 5-22 所示。这种脚手板编制结实，但板面不平又滑，不宜在上面推车，雨天应加盖草袋，以防滑倒。

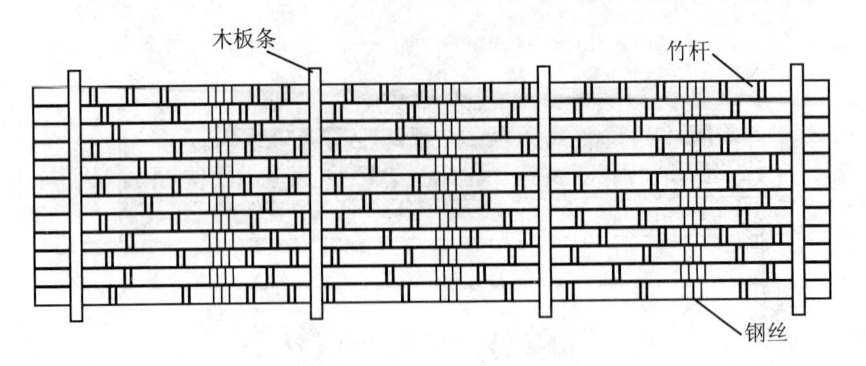

图 5-22 竹杆编排脚手板

3. 竹脚手架的搭设

(1) 双排外脚手架的构造

双排外脚手架由立杆、大横杆、小横杆、剪刀撑、抛撑等杆件组成，其构造如图 5-23 所示。

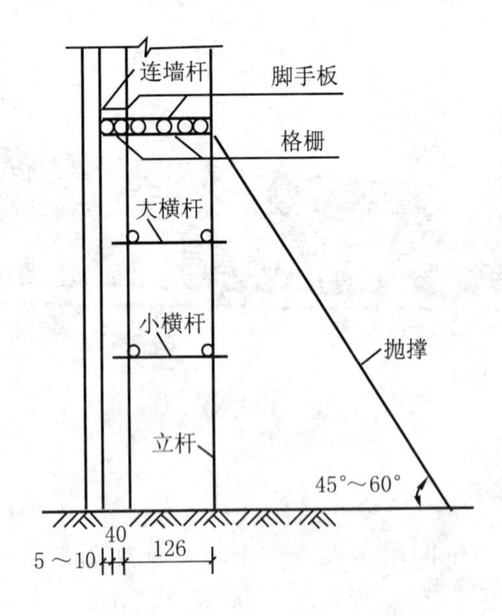

图 5-23 双排外脚手架的构造

双排外脚手架的搭设高度不超过25m，可采用单立杆；搭设高度25～35m时，则应采用双立杆。双排外脚手架的搭设高度超过35m时，应采取卸载措施，即将脚手架的荷载向结构分流。

双排外脚手架的构造参数见表5-8。

双排外脚手架构造参数（单位：m） 表5-8

用途		砌筑	装饰
立杆至墙面距离		0.45～0.5	0.45～0.5
立杆间距	横向	0.8～1.0	1.0～1.2
	纵向	≤1.2	≤1.5
大横杆步距		1.2	1.5～1.8
小横杆挑向墙面的悬臂		0.4	0.35～0.4
格栅间距		≤0.25	≤0.25
操作层小横杆间距		≤0.75	≤1.0

（2）双排外脚手架的搭设顺序

双排竹脚手架的搭设顺序为：确定立杆位置→挖立杆坑→竖立杆→绑大横杆→绑顶撑→绑小横杆→铺脚手板→绑栏杆→绑抛撑、斜撑、剪刀撑等→设置连墙点→搭设安全网。

（3）绑扎方法

竹脚手架各杆件相交处，必须绑紧。绑扎时，每次用3根竹篾，拼在一起，将竹篾的一端用左手按在竹杆上，留下余头约20～25cm，再从两杆相交的对角处，斜着顺缠三圈，将竹篾的两个余头合在一起，用右手拉紧竹篾，使两杆挤紧，然后顺绕拧成一个扣（避免将竹篾节疤留在拧扭处），掖在两杆交叉处的缝隙里。立杆与大横杆、小横杆相交处必须绑相对角的两个扣，斜撑、抛撑与立杆相交处仅绑一个扣，如图 5-24 所示。在三根杆子相交处，应先绑两根，再绑剩下的一根，不能同时绑三根。

竹外脚手架的搭设步骤同木外脚手架，但在靠立杆的小横杆下必须加支顶撑，上下各步顶撑应对齐成垂直线。顶撑的竹杆必须采用根端或中段，每根顶撑扎篾三道与立杆绑牢，底层顶撑须将地面夯实，垫好石块或砖块以免下沉。

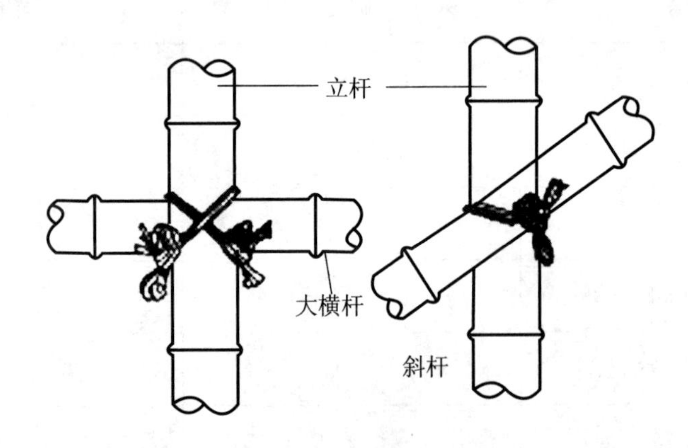

图 5-24 竹篾绑法

(4) 搭设要点和质量要求

1）挖立杆坑。坑深 300 ～ 500mm，坑口直径较杆的直径大 100mm。坑口的自然土尽量少破坏，以便将立杆正确就位，挤紧埋牢。

2）竖立杆。操作方法同木脚手架，先竖端头的立杆，再立中间立杆，依次竖立完毕。立杆如有弯曲，应将弯曲顺向纵向方向，既不能朝墙面也不能背向墙面。

立杆的接长应采用平扣绑扎，搭设长度不得小于 1.5m，绑扎不少于五道绑扣，相邻立杆的接头应上下错开一个步距。

杆件的绑扎可以采用直交或斜交的绑扎方法。每道绑扣必须用双篾缠绕 4 ～ 6 圈，每缠绕 2 圈应收紧一次，端头拧成辫结，插入杆件相交处的缝隙中，并用力拉紧。使用的竹篾必须一黄一青两根并在一起绑扎。

三根杆件相交的地点，应先绑扎好两根，再绑扎第三根，不允许将三根杆一起绑扎。否则绑不紧，影响架子的稳定。

立杆的垂直偏差：脚手架顶端向内倾斜不得大于架高的 1/250，且不大于 100mm，不得向外倾斜。立杆旁加绑小顶撑顶住小横杆，如图 5-25 所示。

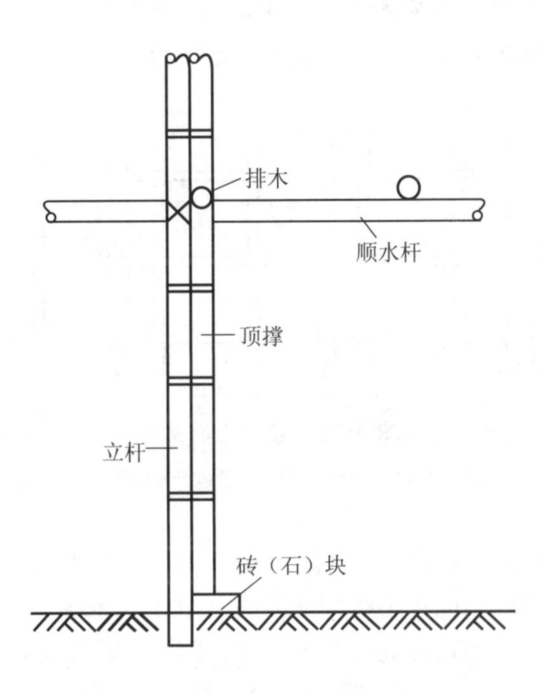

图 5-25　竹脚手架顶撑设置

3）大横杆。大横杆绑扎在立杆的内侧，沿纵向水平布设，其接长以及接头位置的错开距离与木脚手架相同。同一排大横杆的水平偏差不得大于脚手架总长度的 1/300，并且不大于 200mm。

4）小横杆。小横杆垂直于墙面，绑扎在立杆上。采用竹笆脚手板，小横杆应置于大横杆下；采用纵向支承的脚手板，小横杆位于大横杆之上。操作层的小横杆应加密，砌筑脚手架间距不大于 0.5m；装饰脚手架不大于 0.75m。

5）斜撑、抛撑和剪刀撑。架子搭到 3 步架高，暂时不能设连墙点时，应每隔 5 ～ 7 根立杆设一道抛撑，抛撑底埋入土中应不少于 0.5m。

脚手架纵向长度小于 15m 或架高小于 10m 时可设置斜撑，上下连续呈“之”字形设置。

脚手架纵向长度超过 15m 或架高大于 10m 时应设置剪刀撑，一般设在脚手架的端头、转角和中间（每隔 10m 净距设一道），剪刀撑的最大跨度不得超过 4 倍的立杆纵距。

6）连墙点。连墙点设置在立杆与横杆交点附近，呈梅花状交替排列，将脚手架与结构连成整体，连墙点应既能承受拉力又能承受压力。

两排连墙点的垂直距离为 2 ～ 3 步架高；水平距离不大于 4 倍立杆间距。转角两排立杆和顶排架必须设置连墙点。连墙点的构造如图 5-26 所示。

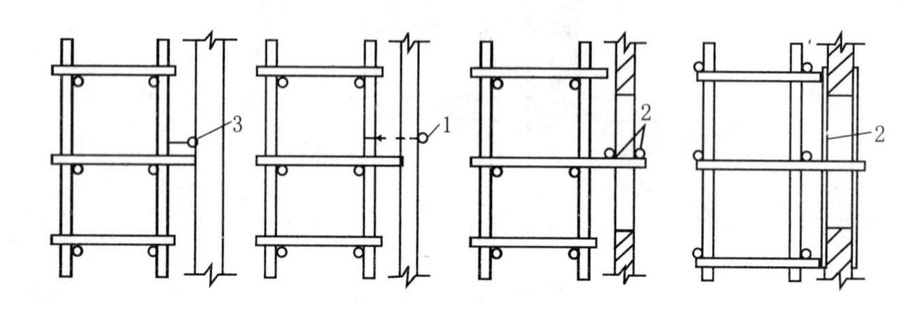

图 5-26 连墙点的构造

1—镀锌铁丝和短竹杆；2—两根竹杆；3—镀锌钢丝和钢筋环

7）格栅。格栅应设在小横杆上，间距不大于 0.25m。搭接处的竹杆应头搭头，梢搭梢，搭接端应在小横杆上，伸出 200 ～ 300mm。

8）脚手板、护栏和挡脚板。操作层的脚手板应满铺在格栅、小横杆上，用钢丝与格栅绑牢。搭接必须在小横杆处，脚手板伸出小横杆长度为 100 ～ 150mm；靠墙面一侧的脚手板离开墙面 120 ～ 150mm。

脚手架搭到 3 步架高时，操作层必须设防护栏杆和挡脚板，护栏 1.2m，挡脚板高不小于 0.18m。

4. 竹脚手架的拆除

(1) 竹脚手架的拆除顺序

竹脚手架拆除必须自上而下，拆除顺序为：拆除顶部安全网→拆除护身栏杆→拆除挡脚板→拆除脚手板→拆除小横杆→拆除剪刀撑→拆除连墙点→拆除大横杆→拆除立杆→拆除斜撑→拆除抛撑和扫地杆。严禁上下同时进行作业，严禁采用推倒或拉倒的方法进行拆除。

（2）竹脚手架的拆除要求和注意事项

竹脚手架的拆除要求和注意事项与木脚手架基本相同，但要特别注意的是，竹杆较轻，拆除也比较容易，所以容易掉以轻心，甚至不挂安全带。竹杆虽轻但光滑，一不小心容易滑落，因而必须带好安全带，按操作要求由上而下依次拆除。

第四节　烟囱脚手架

1. 烟囱脚手架的构造

（1）烟囱外脚手架

1）立杆。立杆可用杉篙或钢管。当烟囱高度超过30m时，不宜使用杉篙，应按“高层脚手架”搭设要求，采用双钢管立杆。立杆采用双排式，内立杆距烟囱外壁不小于450mm，且不大于1400mm。当立杆架设高度超过10m以后，立杆应按烟囱斜度向内回收。立杆间距：用杉篙时不大于1.4m，用钢管时不大于1.0m，在底部出口处不大于2m。杉篙立杆要埋地立设，埋地深度不小于500mm，钢管立杆要设底座，并作好地基处理。

2）横杆。用杉篙或钢管搭设。大横杆的步距（竖向间距）不大于1.2m，封顶大横杆应采用双杆。小横杆间距不大于1m，扫地杆及大小横杆的搭接要求同多立杆普通脚手架。

3）剪刀撑。沿脚手架外围连续架设到顶，斜杆与立杆的夹角不能超过60°，高度超过30m的要用双杆剪刀撑。

4）脚手板。操作层脚手板必须满铺。当高度超过10m以后，在操作层下方加铺一层安全板，该安全板随操作层上升。

5）安全栏杆、挡脚板。操作层设两道水平安全栏杆及挡脚板，要求同多立杆普通脚手架。

6）缆风绳。因烟囱脚手架为独立架，当高度超过 10 ～ 15m 以后，就要加设缆风绳。缆风绳用直径不小于 12.5mm 的钢丝绳子，对称设置，每组 4 ～ 6 根，每升高 10m 再加设一组。在脚手架搭设过程中，可用棕绳等做临时缆风绳，等脚手架高度达到需设第二道缆风绳时，将第一道缆风绳调节固定，拆掉临时缆风绳（用作上一道临时缆风绳），缆风绳与地面的夹角为 45° ～ 60°，并单独与地锚连接牢固，缆风绳近地处应加花篮螺栓，用以调节缆风绳的松紧。

7）抛撑。为增强架子的稳定性，在架子下部各个角点，均应加设抛撑。抛撑可用双杆呈“人”形撑住立杆，也可用单杆（类似于普通脚手架的抛撑做法）撑住立杆。与普通脚手架不同在于，烟囱抛撑应待架子使用完毕、架子拆除后，方可拆除。

（2）烟囱内脚手架构造

如图 5-27 所示，烟囱内工作台由脚手板、插杆、吊架等部分组成，适用于高度在 40m 以下，烟囱的上口内径在 2m 以内的砖烟囱施工。

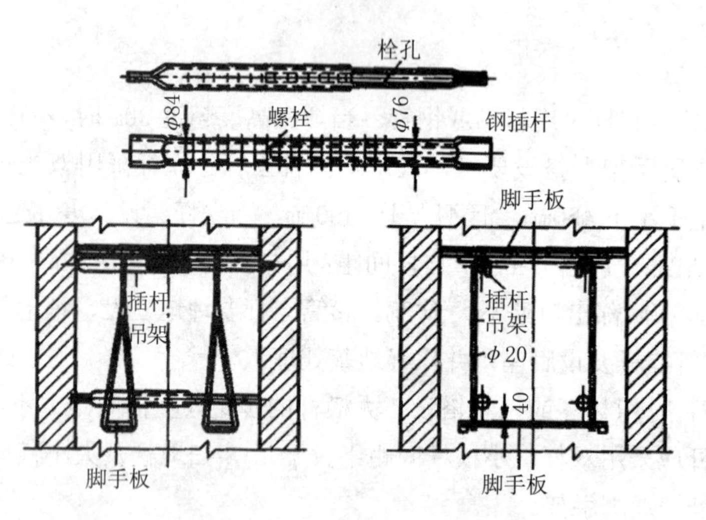

图 5-27　钢插杆工作台

插杆由两段粗细不同的无缝钢管制成，在管壁上钻有栓孔，栓孔的间距根据每步架的高度及筒身的坡度计算确定。如每步架高为 1.2m，筒身坡度为 2.5%，则栓孔距离为 6cm。插杆的外径为 84mm，里管的外径为 76mm，插杆两头打扁以便支承在烟囱壁上；里外管的搭接长度要大于 30cm，以防弯曲，栓孔中插入螺栓，可调节插杆的长短，以便随着筒身坡度的改变牢靠地支承在烟囱壁上。

脚手板用 5cm 厚的木板制成，可按照烟囱内壁直径的大小做成略小的近似半圆形，分 4 块支在插杆上，中间留出孔洞以检查烟囱的中心位置，脚手架随烟囱的升高逐渐锯短铺设。

吊架用 20mm 直径的钢筋弯制作而成，挂在插杆上，并在吊架之间搭设脚手板，作为修理筒内表面、堵脚手眼的工作平台。

2. 烟囱脚手架的形式

烟囱外脚手架的形式应根据烟囱的体形、高度、搭设材料等确定。基本形式有以下三种：

(1) 扣件式钢管烟囱脚手架

扣件式钢管烟囱外脚手架一般搭设成正方形或正六边形，如图 5-28 所示。

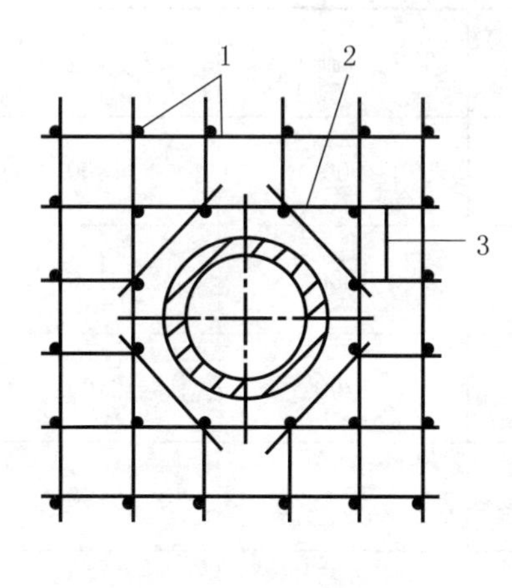

(a) 正方形脚手架

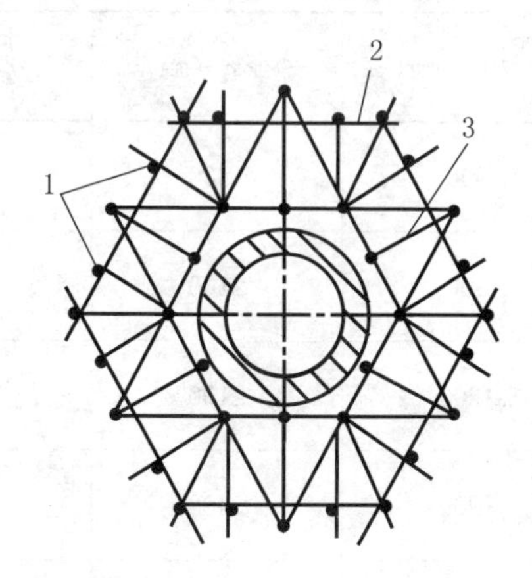

(b) 正六边形脚手架

图 5-28 扣件式钢管烟囱脚手架

1—立杆；2—大横杆；3—小横杆

（2）碗扣式钢管烟囱脚手架

碗扣式钢管烟囱脚手架，如图 5-29 所示。

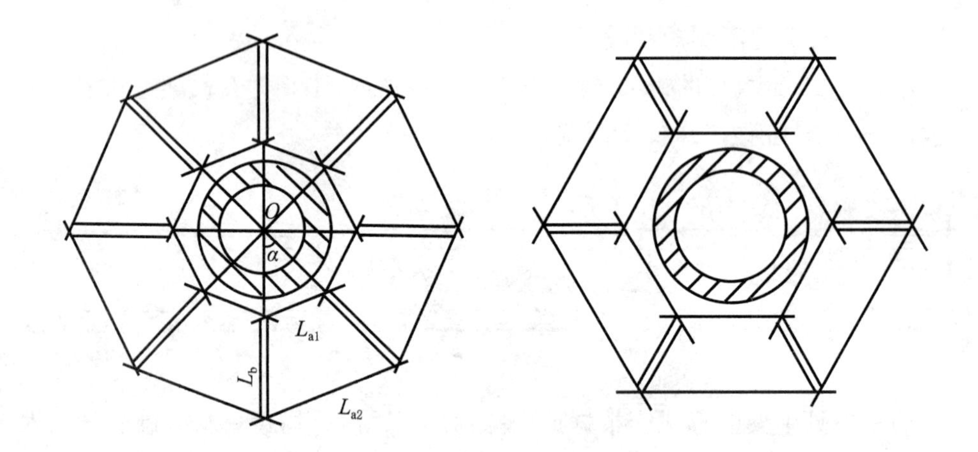

图 5-29 碗扣式钢管烟囱脚手架

搭设碗扣式正六边形脚手架时，所需杆件的尺寸见表 5-9。碗扣式钢管脚手架的杆件为定型产品，其尺寸为 0.9m、1.2m、1.8m、2.1m 和 2.4m。

正六边形脚手架构造尺寸 表 5-9

内径 r_1（mm）	外径 r_2（mm）	$L_b=r_2-r_1$（mm）	L_{a1}（mm）	L_{a2}（mm）
900	1800	900	900	1800
900	2100	1200	1200	2100
1200	2100	900	1200	2100
1200	2400	1200	1200	2400
1500	2400	900	1500	2400

(3)门式钢管烟囱脚手架

门式钢管烟囱脚手架一般搭设成正八边形。

3. 烟囱内脚手架的搭设

在搭设时，先将插杆支承在烟囱壁上，挂上吊架，搭上上下两层脚手板即可使用。施工过程中筒身每砌高一步架，将插杆往里缩一次，重新将螺栓紧固好。当一步架砌完后，先将上面放好插杆，再将脚手板翻移上去。

施工中，需要不同规格的插杆交替使用，当烟囱直径较大（直径超过2m）时，可采用木插杆工作台，在施工过程中随着筒身直径的缩小锯短木插杆，如图 5-30 所示。

当烟囱采用内工作台施工时，一般在烟囱外搭设双孔井字架作为材料运输和人员上、下使用。同时在井字架上悬吊一个卸料台。卸料台用方木和木板制作而成，用 2 ～ 4 个倒链挂在井字架上，逐步提升卸料台并使其一直高于砌筑工作面，可将材料用人传递或用滴槽卸到工作平台上，如图 5-31 所示。

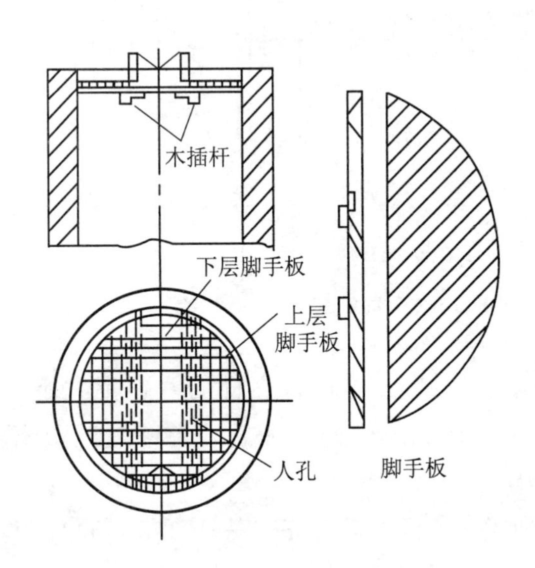

图 5-30　木插杆内工作台

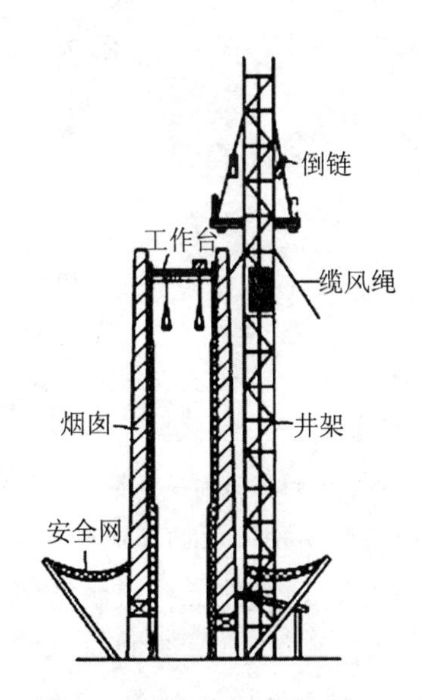

图 5-31　外井架布置

第五节 水塔外脚手架

1. 水塔外脚手架的构造

水塔外脚手架可用杉篙或钢管搭设，适用于高度在45m以内的砖砌水塔。水塔的下部塔身为圆柱体，上部水箱凸出塔身，施工时一般搭设落地脚手架，根据水塔的水箱直径大小及形状，搭设方式可采用上挑式或直通式，如图5-32所示。

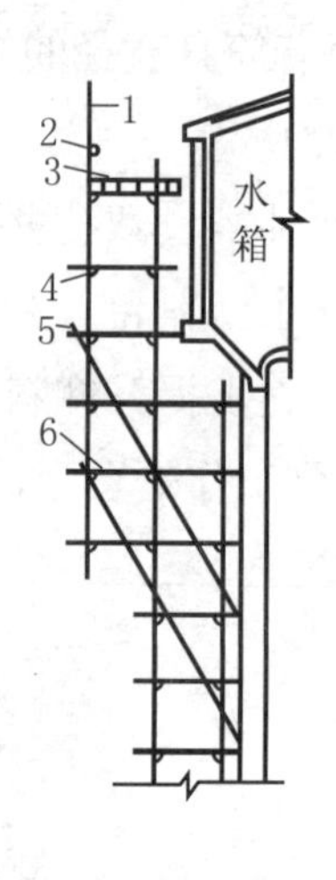

(a) 上挑式脚手架

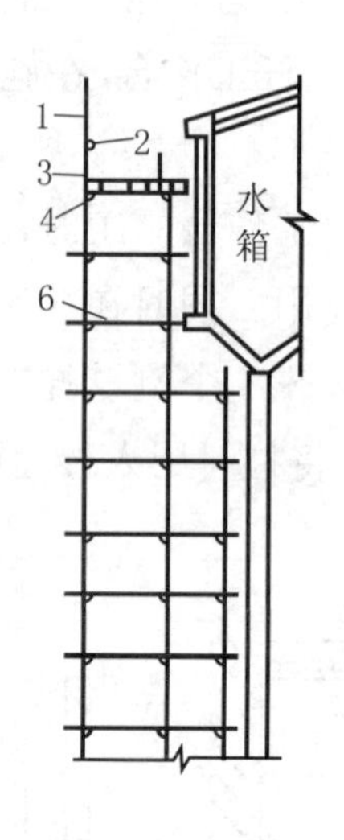

(b) 直通式脚手架

图5-32 水塔外脚手架

1—立杆；2—栏杆；3—脚手板；4—大横杆；5—斜杆；6—小横杆

1）立杆。杉篙立杆的间距不大于1.4m，钢管立杆的间距不大于1m，在井笼口和出口处的立杆间距不大于2m。里排立杆离水塔壁最近距离为40～50cm，外排立杆离水塔壁的距离不大于2m。

四角和每边中间的立杆必须使用“头顶头双戗杆”。架子高度在30m以上时，所有立杆应全部使用“头顶头双戗杆”。杉篙立杆的埋地深度不得小于550cm。

2）缆风绳与地锚。水塔外脚手架高度在 10 ～ 15m 时，应对称设一组缆风绳，每组 4 ～ 6 根。缆风绳用直径不小于 12.5mm 的钢丝绳，与地面夹角为 45°～ 60°，必须单独牢固地拴在专设的地锚内，并用花篮螺丝调节松紧。缆风绳严禁拴在树木、电线杆等物体上，以确保安全。

水塔外脚手架除第一组缆风绳外，架子每升高 10m 加设一组。脚手架支搭过程中应加临时缆风绳，待加固缆风绳设置好后方可拆除。

3）剪刀撑和斜撑。剪刀撑四面必须绑到顶。高度超过 30m 的脚手架，剪刀撑必须用双杆。

斜撑与地面的夹角不大于 60°。最下面的六步架应打腿戗。

4）大横杆。大横杆的间距不大于 1.2m，封顶应绑双杆。杉篙大横杆的搭接长度不得小于两根立杆。

5）小横杆和脚手板。小横杆的间距不大于 1m，并需全部绑牢。脚手板必须满铺。操作平台并设两道护身栏杆和挡脚板。架子高度超过 10m 时，脚手板下方应加铺一层安全板，随每步架上升。

6）马道。附属于脚手架的“之”字马道，宽度不得小于 1m，坡度为 1:3，满铺脚手板并与小横杆绑牢，在其上加钉防滑条。

2. 水塔外脚手架的形式

水塔外脚手架的平面形式有正方形、六角形和八角形等多种形式，如图 5-33 所示。

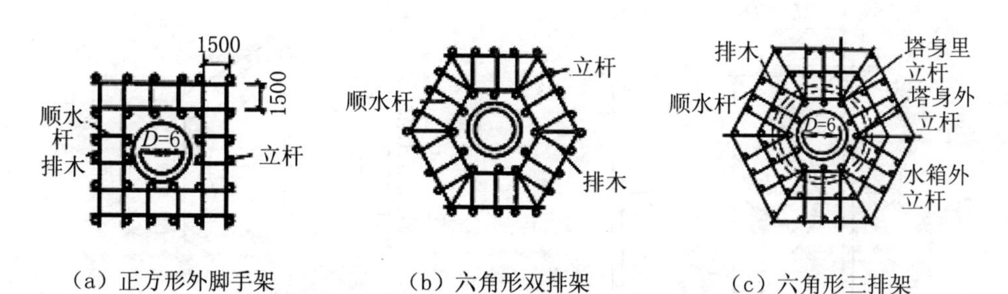

（a）正方形外脚手架　（b）六角形双排架　（c）六角形三排架

图 5-33　水塔外脚手架平面形式

3. 水塔外脚手架的搭设

(1) 施工准备

1）工程负责人应根据工程施工组织设计中有关水塔脚手架搭设的技术要求，逐级向施工作业人员进行技术交底和安全技术交底。

2）对脚手架材料进行检查和验收，不合格的构配件不准使用，合格的构配件按品种、规格，使用顺序先后堆放整齐。

3）搭设现场应清理干净，夯实基土，场地排水畅通。

4）正方形脚手架放线法：已知水塔底的外径为 D，里排立杆距水塔壁的最近距离为 50cm，由此求出搭设长度为（D+2×0.5）m，再挑 4 根长于所求搭设长度的立杆，在杆上量出要求长度的边线，并在钢管的中线处划上十字线，将 4 根划好线的立杆在水塔外围摆成正方形，注意杆件的中线与水塔中线对齐，正方形的对角线相等，则杆件垂直相交的四角即为脚手架里排四角立杆的位置。据此按脚手架的搭设方案确定其他中间立杆和外排立杆的位置，如图 5-34 所示。

5）六角形脚手架放线法：六角形里排脚手架的边长按下式计算：里排边长＝[（D/2+0.5）×1.5]m。再找 6 根长于所求搭设长度的杆件，在两端留出余量，用尺子量出要求长度划上十字线，按上述方法在水塔外围摆成正六边形，就可以确定里排脚手架 6 个角点的位置。在此基础上再按要求划出中间立杆和外排脚手架立杆的位置线，如图 5-35 所示。

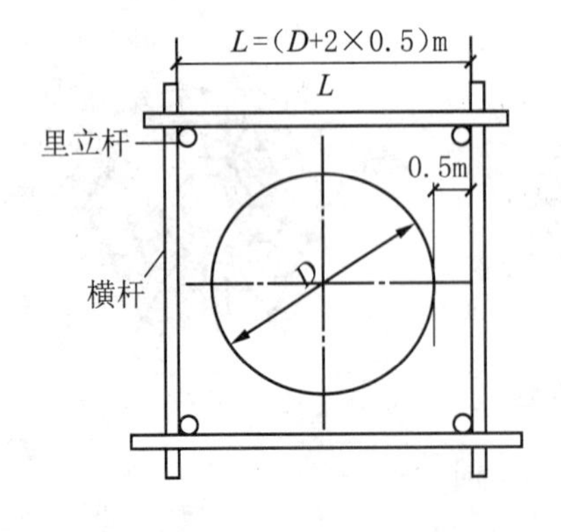

图 5-34　正方形脚手架放线

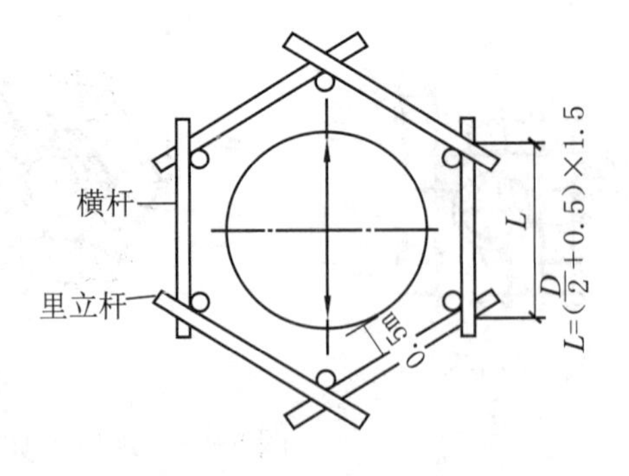

图 5-35　六角形脚手架放线

(2)挖坑、竖立杆

立杆的位置线放出后，就可以依次挖立杆坑。坑深不小于 50cm，坑的直径应比立杆直径大 10cm 左右，挖好后最好在坑底垫砖块或石块。

竖立杆的方法如下：

1）竖立杆时最好三人配合操作，依次先竖里排立杆，后竖外排立杆。

2）由一人将立杆对准坑口，第二个人用铁锹挡住立杆根部，同时用脚蹬立杆根部，再一人抬起立杆向上举起竖立。注意推杆别过猛，以防收势不住倒杆伤人。

3）竖立杆时先竖转角处的立杆，由一人穿看垂直度后将立杆坑回填夯实。中间立杆同排要互相看齐、对正。

4）相邻立杆的接长位置要上、下错开 50cm 以上，钢管立杆宜用对接接长：杉篙立杆的搭接长度不应小于 1.5m，并绑三道钢丝，所有接头不能在同一步架内。

(3)安放大横杆、小横杆

绑大横杆和小横杆的方法与钢、木脚手架的方法基本相同。安放大横杆、小横杆的注意事项如下：

1）立杆树立后应立即安装大横杆和小横杆。

2）小横杆端头与水塔壁的距离控制在 10 ~ 15cm，不得顶住水塔壁。

3）小横杆与大横杆应扣接牢，操作层上小横杆的间距不大于 1m。

4）相邻横杆的接头不得在同一步架或同一跨间内。

5）大横杆应设置在立杆内侧，其端头应伸出立杆 10cm 以上，以防滑脱，脚手架的步距为 1.2m。

6）用杉篙搭设时，同一步架内的大头朝向应相同：搭接处小头压在大头上，搭接位置应错开。相邻两步大横杆的大头朝向应相反。

7）大横杆的接长宜用对接扣件，也可用搭接。搭接长度不小于 1m，并用 3 个扣件。各接头应错开，相邻两接头的水平距离不小于 50cm。

(4)绑扣剪刀撑、斜撑

绑扣剪刀撑、斜撑的注意事项如下：

1）脚手架每一外侧面应从底到顶设置剪刀撑，当脚手架每搭设 7 步架时，就应及时搭装剪刀撑、斜撑。

2）剪刀撑、斜撑一般采用搭接，搭接长度不小于 50cm。

3）斜撑两端的扣件离立杆节点的距离不宜大于 20cm。

4）剪刀撑的一根杆与立杆扣紧，另一根应与小横杆扣紧，这样可避免钢管扭弯。

5）最下一道斜撑、剪刀撑要落地，它们与地面的夹角不大于 60°。最下一对剪刀撑及斜撑与立杆的连接点离地面距离应不大于 50cm。

(5) 安缆风绳

安缆风绳的注意事项如下：

1）架子搭至 10 ～ 15m 高时，应及时拉缆风绳。

2）每组 4 ～ 6 根，上端与架子拉结牢固，下端与地锚固定，并配花篮螺钉调节松紧。

3）严禁将缆风绳随意捆绑在树木、电线杆等不安全的地方。

4）最上一道缆风绳一定要用钢丝绳。

(6) 设置栏杆安全网、脚手板

在操作面上应设高 1.2m 以上的护身栏杆两道，加绑挡脚板，并立挂安全网。

4. 水塔外脚手架的拆除

水塔外排脚手架的拆除顺序与搭设顺序相反，先搭的后拆，后搭的先拆。

拆除顺序为：立挂安全网→护身栏→挡脚板→脚手板→小横杆→顶端缆风绳→剪刀撑→大横杆→立杆→斜撑和抛撑。

水塔外脚手架拆除的注意事项如下：

1）拆除脚手架时，必须按上述顺序由上而下一步一步地依次拆除，严禁用拉倒或推倒的方法拆除。

2）水塔外脚手架拆除时至少三人配合操作，并佩戴安全带和安全帽。

3）拆除前应确定拆除方案，对各种杆件的拆除顺序做到心中有数。

4）缆风绳的拆除要格外注意，应由上而下拆到缆风绳处才能对称拆除，严禁为工作方便将缆风绳随意乱拆，避免发生倒架事故。

5）在拆除过程中要特别注意脚手架的缺口、崩扣以及搭得不合格的地方。

第六节 水塔内脚手架

1. 水塔内脚手架的形式

水塔内脚手架一般根据上料架设在塔内或塔外布置的形式，见表 5-10。

水塔内脚手架的布置形式 表 5-10

项目	图示	说明
水塔内脚手架布置形式（一）	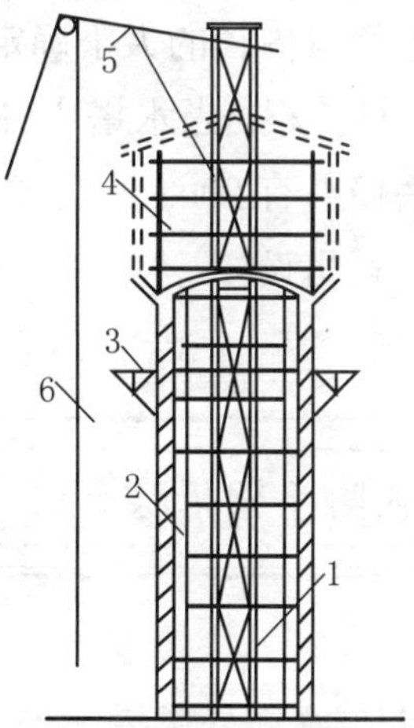 1—井形上料架；2—内脚手架；3—三角托架；4—水箱内脚手架；5—上料吊架；6—钢丝绳	如图所示的布置形式，上料架设在水塔内，水塔筒身的内脚手架和水箱内脚手架分别搭设在已施工完的水塔地面和水箱底板上，水箱内脚手架可以设置上料吊杆，以便施工材料的上下吊运。

续表

项目	图示	说明
水塔内脚手架布置形式（二）	1—筒身内脚架；2—三角托架；3—水箱内脚手架；4—上料井架；5—缆风绳；6—跳板	如图所示形式，上料脚手架设在水塔外，在施工时，先搭设筒身的内脚架至水箱底，待水箱底施工完毕后，再在水箱下吊运。

2. 水塔内脚手架搭设

水塔内脚手架在搭设时，应根据筒身内径的大小确定拐角处立杆的位置。当水塔内径为 3 ～ 4m 时，一般设立杆 4 根；当水塔内径为 4 ～ 6m 时，一般用 6 根立杆。一般要求立杆距离水塔筒壁有 20cm 的空隙。立杆的位置确定以后，便可以按照常规脚手架的要求进行搭设。

3. 水塔内脚手架拆除

水塔内脚手架的拆除要求基本上与水塔外脚手架的拆除要求相同，水塔内的空间较小，如果出现安全事故，人员躲避困难，所以拆除时一定要落实各项安全措施，确保安全。

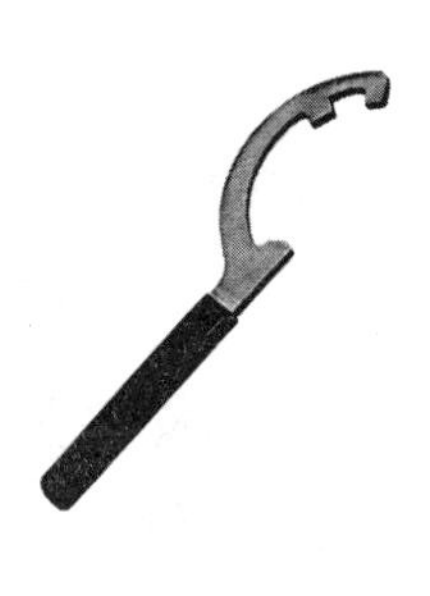

第六章 脚手架的施工安全和质量管理

第一节 安全防护设施及环保措施

1. 安全防护设施

其他安全围护设施按其实施保护的方式可分为以下七类：围挡措施、支护措施、遮盖措施、加固措施、解危措施、监护措施以及警示措施。

（1）围挡措施

围挡措施即指围护和挡护措施，包括对施工区域、危险作业区域和有危险因素的作业面进行单面的、多面的和周围的围护和挡护措施。

（2）支护措施

支护措施即对有可能发生坍方和倒塌事故的危险源采取支撑、稳固的措施。

（3）遮盖措施

遮盖措施即指盖护、棚护和遮护措施。遮盖措施具体包括：安装应牢固、可靠；应无绊脚物或凸出物；应具有足够的防护能力；临时性遮盖应便于移动或拆除；应能满足通风的要求；应具有相应的防火措施。

（4）加固措施

加固措施即指对施工中的承载力不足或不稳定的结构、设备以及其他设施（包括施工设施）进行加固，以避免发生意外。

（5）解危措施

当发生危险时，通过解危措施消除危险，如用电安全中的安全接零、接地、漏电保护和避雷接地等。

（6）监护措施

监护措施即指对不安全和危险性大的作业进行人员监护、设备监护和检测监护。

（7）警示措施

1）脚手架现场应设置安全警戒区域和警告牌。

2）高压线防护架顶部插上小红旗，高出高压线 1m，立杆刷红、白间隔漆，以示警戒。

3）施工现场内的一切孔洞，如楼梯口、电梯井口、施工洞出入口、设备口和井、沟槽、池塘以及随墙洞口、阳台门口等，必须加门、加盖，设围栏并加警告标志。

2. 环境保证措施

1）拉进检修现场的各种脚手架材料摆放整齐，标牌清晰。要符合现场需要，不能随意乱放。

2）每天要对现场的卫生、垃圾进行大力清理，作业垃圾及废料分类定点存放，及时清理。废料要统一收集堆放并清出检修现场。

3）检修结束后，要做到工完、料尽、场地清。

4）控制作业场所产生的噪声、粉尘，同时尽量为检修人员配备一些必要的防护用品。

第二节 脚手架的检查验收和安全管理

1. 脚手架验收文件准备

验收时应具备文件包括脚手架搭设方案、技术交底文件、脚手架杆配件的出厂合格证或质量分类合格标志、脚手架工程的施工记录及阶段质量检查记录，脚手架搭设过程中出现的重要问题及处理记录，脚手架工程的施工验收报告。

2. 脚手架的质量检查验收项目

脚手架工程的验收，除查验有关文件外，还应进行现场检查，现场检查应重点检查下列项目，并需将检查结果记入施工验收报告。具体检查项目包括：脚手架的架杆；配件设置和加固件是否齐全；质量是否合格；构造是否符合要求；连接和挂扣是否紧固可靠；地基有否积水；地基是否平整坚实；支垫是否符合规定；底座是否松动；立杆有否悬空；连墙件的数量、位置和设置是否符合规定；安全网的张挂及扶手的设置是否符合规定要求；脚手架的垂直度与水平度的偏差是否符合要求；是否超载。

注:要经常使用量具（尺）检测脚手架的构造参数（纵距、横距、步距），以防脚手架发生偏移。

3. 脚手架使用安全管理

脚手架的使用除了应该满足施工现场的统一要求外，还应该注意严禁沿脚手架外侧任意攀登。在脚手架使用期间，严禁拆除下列杆件：主节点处的大小横杆、纵横向扫地杆、连墙件。移动式钢管脚手架施工不得拆除下列杆件：交叉支撑、水平架、连墙件;加固杆件如剪刀撑、水平加固杆、扫地杆、封口杆等;栏杆。在脚手架上进行电、气焊作业时必须有防火措施（图 6-1）和专人看守。

图 6-1 防火措施

当因作业需要临时拆除移动式钢管脚手架的交叉支撑或连墙件时，应经主管部门批准，并应符合下列规定：

1）交叉支撑只能在门架一侧局部拆除，临时拆除后在拆除交叉支撑的门架上下层面应满铺水平架或脚手板,作业完成后,应立即恢复拆除的交叉支撑。拆除时间较长时，还应架设扶手或安全网。

2）只能拆除个别连墙件，在拆除前、后应采取安全措施，并应在作业完成后，立即恢复。不得在竖向或水平向同时拆除 2 个及 2 个以上连墙件。

外脚手架的外表面应满挂安全网，或使用长条塑料编制横布，并与门架竖杆和剪刀撑接牢，每五层门架架设一道水平安全网，顶层门架之上应设置栏杆。

移动式脚手架上不应使用手推车，材料的运输应利用楼板层或塔式起重机直接吊运至作业地点。

脚手架在使用期间应设专人负责进行经常检查和保修工作，在主体结构施工期间，一般应3天检查一次。主体结构完工后，最多7天也要检查一次，每次检查都应对杆件有无发生变形、连接点是否松动、连墙拉结是否可靠以及立杆基础是否发生沉陷等进行全面检查。发现问题应立即采取措施，以确保使用安全。

4. 架子工施工安全要求

登高架设作业，必须严格按照专项施工方案及操作规程施工，安全施工是第一的。

在搭拆脚手架时，操作人员必须戴安全帽，系安全带，穿防滑鞋（图6-2）。

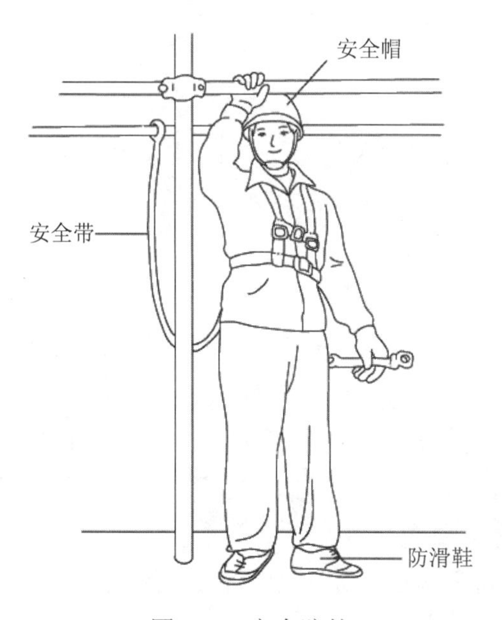

图6-2 安全防护

(1) 安全帽

安全帽是建筑施工人员头部的重要防护用品，凡进入施工现场的人员必须佩戴安全帽。安全帽用塑料、玻璃钢、竹等材料制作，应能承受5kg钢锤自1m高自由落下的冲击，安全帽由帽壳、帽衬、下颚带、吸汗带以及通气孔组成，其构造如图6-3所示。

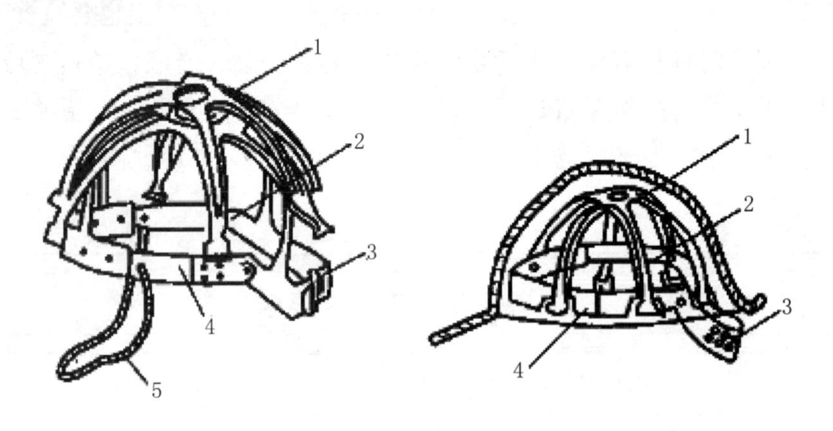

（a）双层顶带式　　（b）单层顶带式

图6-3　安全帽构造

1—坝带；2—帽箍；3—后枕箍带；4—吸汗带；5—下颚带

(2) 安全带

安全带是预防高处作业人员坠落伤亡事故所使用的防护用具。由带子、绳子和金属配件组成，我国规定在高处（2m以上）作业时，除作业面的防护之外，作业人员必须佩戴安全带。

由于坠落的高度愈大，受到的冲击力愈大，所以，安全带必须有足够的强度承受人体坠落时的冲击力，绳长不能太长，架子工安全带绳长为1.5m。

1）架子工安全带的构造

安全带由带子、绳子和金属配件组成。带子和绳子必须用维纶、蚕丝制成；金属配件用普通碳素钢或铝合金钢制成（图6-4）。

2）安全带的使用和保养

每次使用安全带前应做一次外观检查，发现磨损、断裂、霉变等情况应停止使用。安全带使用和保养要点如下：

（a）带子

（b）绳子

（c）金属配件

图 6-4 架子工安全带

①使用时应将挂钩、圆环挂牢，扣紧活梁卡子。架子工安全带的安全绳应采用高挂低用的拴挂方法，尽可能避免平行拴挂，切忌低挂高用，否则坠落时将增加冲击力，容易发生危险，如图 6-5 所示。

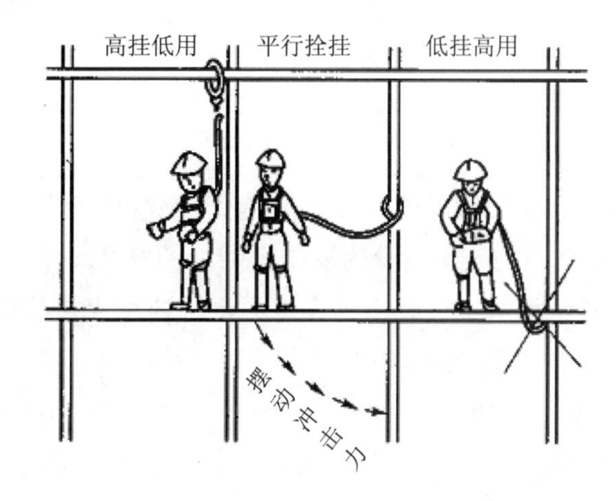

图 6-5 安全带拴挂方法

②吊带应放在腿的两侧，不要将挂绳打结使用，挂钩必须挂在连接环上，不应直接挂在安全绳上。

③安全带应避开尖刺、钉子等，并不得接触明火。

④安全带上的各种部件不得任意拆掉，更换新绳时要注意加绳套。

⑤安全带要经常保持清洁，弄脏后可用凉的清水与肥皂水清洗，并在阴凉处晾干。

⑥使用后的安全带卷成盘，放置在干燥的架子上或吊挂起来，不要接触潮湿的墙壁，不宜放在经常热晒的场所。金属配件上可涂些润滑油（机油），以防生锈。

（3）防滑鞋

图 6-6 防滑鞋

搭设脚手架时，往往脚只能踩在钢管上，因此架子工要求穿防滑鞋，以增加脚底和钢管的摩擦力。防滑鞋应是软底不带钉的鞋，胶鞋、草鞋防滑性能较好，软底皮鞋也有一定的防滑性能（图 6-6）。

（4）安全网

安全网是用来预防人、物坠落，或用来避免、减轻坠落及物击伤害的网具。

目前国内广泛使用的安全网分为安全平网（图 6-7）、安全立网（图 6-8）和密目式安全立网三类。安装时不垂直地面，主要用来接住坠落人和物的安全网称为平网；安装时垂直地面，主要用来挡住人或物坠落的安全网称为立网。安全平网、安全立网的网眼一般为（30×30）～（80×80）mm^2（俗称大眼网）。密目式安全立网的网眼孔径不大于 12mm（俗称密目网）。

图 6-7 安全平网

图 6-8 安全立网

(5) 防护杆件

除底层外，脚手架的各部层均应在立杆的内侧设置防护栏杆和踢脚杆或挡脚板（图 6-9）。

注：防护栏杆，又叫护身栏杆，有阻止人员向外坠落的作用；踢脚杆和挡脚板可以预防人员滑倒或坠落。

图 6-9　防护杆件

(6) 临时用电措施

工地临时使用电线路架设的安全距离等应根据现行行业标准《施工现场临时用电安全技术规范》（附条文说明）JGJ 46—2005 的有关规定执行。钢管脚手架上安装照明灯时，不得使电线接触脚手架，并要做绝缘处理。

第三节 脚手架工程常见质量事故与处理

1. 脚手架工程的质量事故原因

(1) 技术管理不到位

1）脚手架搭设人员未按照规定接受专门的教育，未取得特种作业人员操作证书，无证上岗作业。

2）作业人员安全生产意识较差。

3）允许身体健康状况不适应脚手架搭设作业的人员进行施工。

4）作业人员酒后登高作业。

5）未按照相关规定编制脚手架专项施工方案（组织设计）。

6）施工方案未按照规定的程序进行审查、论证、批准。

7）施工方案内容不符合安全技术规范标准。

8）施工方案中未对地基承载力、连墙件进行计算，未按照规定对立杆、水平杆进行计算。

9）施工方案缺乏针对性，不能用来指导施工。

10）施工方案编写较简单，缺少施工平面、立面图，以及节点、构造等详图，起不到指导施工的作用。

11）未按照施工方案要求进行脚手架搭设、拆除工作。

12）未按照规定进行安全技术交底。

13）未按照规定进行脚手架分段搭设、分段检查验收工作便投入使用。

14）作业人员未按照规定戴安全帽、系安全带、穿防滑鞋。

（2）材料配件存在质量问题

1）扣件的质量问题包括：扣件破损，螺杆螺母滑丝；扣件所使用材料不合格；扣件盖板厚度不足，承载力达不到要求；扣件、底座锈蚀严重，承载力严重不足；扣件变形严重；扣件、底座未做防腐处理。

2）焊接底座底板厚度不足 8mm，承载力不足。

3）木垫板厚度不足 50mm，长度不足两跨。

4）新购钢管、扣件未按照规定进行抽样检测检验。

5）钢管壁较薄，ϕ48 钢管壁厚偏差超过 -0.5mm。

6）钢管未做防腐处理，锈蚀严重，承载力严重降低。

7）钢管受打孔、焊接等破坏，局部承载力严重不足。

8）冲压钢脚手板锈蚀严重，竹串片脚手板穿筋松落，承载力严重降低。

（3）搭设不规范

1）基础发生不均匀沉降

①基础上直接搭设架体时，立杆底部未铺垫垫板，或者木垫板面积不够、板厚不足 50mm。

②回填土未分层夯实，承载力不足。

③模板支架四周无排水措施、积水，基土尤其是湿陷性黄泥土受水浸泡沉陷。

④脚手架附近开挖基础、管沟，对基础构成威胁等。

⑤基础下的管沟、枯井等未进行加固处理。

⑥立杆底部未设底座，或者数量不足；底座未安放在垫板中心轴线部位。

⑦地基没有进行承载力计算，地基承载力不足。

⑧对软地基未采取夯实、设混凝土垫层等加固处理。

2）连墙件设置不符合要求

①连墙件与架件连接的连接点位置不在离主节点300mm范围内。

②连墙件与建筑结构连接不牢固。

③连墙件设置数量严重不足。

④对高度在24m以上的脚手架未采用刚性连墙件。

⑤拆除脚手架时，未随拆除进度拆除连墙件，连墙件拆除过多。

⑥违规使用仅能承受拉力、仅有拉筋的柔性连墙件。

3）立杆

①立杆不顺直，弯曲度超过20mm。

②脚手架基础不在同一高度时，靠边坡上方的立杆轴线到边坡的距离不足500mm。

③脚手架未设扫地杆。

④扫地杆设置不合理，纵向扫地杆距底座上皮大于200mm。横向扫地杆固定在纵向扫地杆以上且间距较大。

⑤脚手架底层步距超过2.0m。

⑥立杆偏心荷载过大，顶层顶步以下立杆采用了搭接接长。

⑦双立杆中副立杆过短，长度远小于6.0m。

⑧对接接头没有交错布置，同一步内接头较集中。

⑨高层脚手架没有局部卸载装置。

⑩落地式卸料平台未单独设置立杆。

⑪搭设高度未跟上施工进度，脚手架未高出作业层。

⑫悬挑工具式卸料平台与脚手架有连接。

4）水平杆、剪刀撑

①大横杆设在立杆外侧。

②大横杆搭接长度不足 1.0m，用一个或两个旋转扣件连接。

③两根相邻大横杆接头设在同步或同跨内，相距不足 500mm。

④主节点处小横杆被拆除，或者未设。

⑤单排脚手架的小横杆插入墙内的长度不足 180mm。

⑥脚手架剪刀撑设置不规范，未跟上施工进度，搭接接头扣件数量不足。

5）作业层

①作业层竹笆脚手板下大横杆间距超过 400mm。

②作业层脚手板铺设不满，没有固定牢。

③脚手板接头铺设不规范，出现长度大于 150mm 的探头板。

④未设置栏杆和挡脚板，或设置位置及高度尺寸不规范。

⑤脚手架工程没有挂设随层网、层间网或首层网，挂设不严密。

（4）使用不当

1）作业层上施工荷载过大，超出设计要求。

2）缆风绳、泵送混凝土和砂浆的输送管固定在脚手架上。

3）脚手架悬挂起重设备。

4）在使用期间随意拆除主节点处杆件、连墙件。

5）在脚手架上进行电、气焊作业时，没有防火措施。

6）脚手架没有按照规定设置防雷措施。

7）未按照规定进行定期检查，长时间停用和大风、大雨、冻融后未进行检查。

（5）拆除不当

1）没有制定拆除方案，没有进行安全技术交底。

2）没有在拆除前对脚手架的扣件连接、连墙件、支承体系等是否符合构造要求作全面检查。

3）拆架时周围未设置围栏或警戒标志，非拆架人员随意进入。

4）在电力线路附近拆除脚手架不能停电时，未采取有效防护措施。

5）拆除作业人员踩在滑动的杆件上操作。

6）拆架过程中遇有管线阻碍时，任意割移。

7）拆除脚手架时，违规上下同时作业。

8）先将连墙件整层或数层拆除后再拆脚手架。

9）拆架人员不配备工具套，随意放置工具。

10）拆除过程中如更换人员，未重新进行安全技术交底。

11）采用成片拽倒、拉倒法拆除。

12）高处抛掷拆卸的杆件、部件。

2. 脚手架坍塌防治措施

1）作业人员应持证上岗并且进行安全技术交底，脚手架验收合格方可投入使用。

2）对工程所用的相关施工材料进行严格检验，严禁不合格材料投入使用。

3）对大体积混凝土浇筑作业过程进行重点监督检查，派专人进行巡视，发现异常及时报告并进行处置。

4）应对悬挑钢梁后锚固点进行加固，钢梁上面用钢支承加U形托旋紧后顶住屋顶。预埋钢筋环与钢梁之间有空隙，须用马楔备紧。吊挂钢梁外端的钢丝绳逐根检查，全部紧固，保证均匀受力。

5）脚手架卸荷、拉结体系局部产生破坏，要立即按原方案制定的卸荷拉结方法将其恢复，并对已经产生变形的部位及杆件进行纠正。

6）大型脚手架必须编制技术方案，并加强日常的巡视检查，对出现的变形或地基沉降等异常情况及时采取应急措施。

7）加强大风大雨后对脚手架使用前的安全检查，对发现的地基沉降、立杆悬空等情况及时采取补救措施。

8）对独立脚手架的拉结支承加强日常巡视，发现异常情况及时督促进行整改。

9）脚手架拆除时严禁非操作人员在脚手架上进行任何作业。

3. 脚手架坍塌应急处置

1）施工现场发生脚手架坍塌事件，应立即对受伤人员进行急救，并设立危险警戒区域，严禁与应急抢险无关的人员进入。

2）迅速确定事故发生的准确位置、可能波及的范围、脚手架损坏的程度、人员伤亡情况等，以根据不同情况进行应急处置。

3）本着救人优先的原则，同时在保障人身安全的情况下尽可能地抢救重要资料和财产，并注意做好应急人员的自身安全。

4）组织人员尽快解除重物压迫，减少伤员挤压综合征发生，并将其转移至安全地方。

5）对未坍塌部位进行抢修加固或者拆除，封锁周围危险区域，防止进一步坍塌。

6）如发生大型脚手架坍塌事故，必须立即划出事故特定区域，非救援人员未经允许不得进入特定区域。迅速核实脚手架上作业人数，如有人员被坍塌的脚手架压在下面，要立即采取可靠措施加固四周，然后拆除或切割压住伤者的杆件，将伤员移出。如脚手架太重可用起重设备将架体缓缓抬起，以便救人。

7）现场急救条件不能满足需求时，必须立即上报当地政府有关部门，并请求必要的支持和帮助。拨打 120 急救电话时，应详细说明事故地点和人员伤害情况，并派人到路口进行接应。

8）在没有人员受伤的情况下，应根据实际情况对脚手架进行加固或拆除，在确保人员生命安全的前提下，组织恢复正常施工秩序。

参考文献

[1] 国家标准. 房屋建筑制图统一标准 GB/T 50001—2010[S]. 北京：中国计划出版社，2010.

[2] 行业标准. 建筑施工扣件式钢管脚手架安全技术规范 JGJ 130—2011[S]. 北京：中国建筑工业出版社，2011.

[3] 行业标准. 建筑施工门式钢管脚手架安全技术规范 JGJ 128—2010[S]. 北京：中国建筑工业出版社，2010.

[4] 行业标准. 建筑施工碗扣式钢管脚手架安全技术规范 JGJ 166—2008[S]. 北京：中国建筑工业出版社，2008.

[5] 崔炳东，罗雷. 架子工 [M]. 重庆：重庆大学出版社，2007.

[6] 岳峰，李国强. 高层建筑施工附着整体升降钢管脚手架 [M]. 上海：同济大学出版社，2007.

[7] 胡艳玲. 架子工基本技能 [M]. 四川：成都时代出版社，2007.

[8] 佘宗明. 新型脚手架的结构原理及安全应用 [M]. 北京：中国铁道出版社，2010.

[9] 雷杰恒. 架子工基本技能（第二版）[M]. 北京：中国劳动社会保障出版社，2010.